# 2015

## 中建杯

## "5+2" 环境设计大赛

## 优秀作品集

2015
Medium build
"5+2" Environmental Design Contest
Outstanding works

四川美术学院环境设计系编

潘召南 龙国跃 主编

张宇锋 韦芳 赵宇 副主编

编委 江波 周维娜 周炯炎 杨春锁 莫敷建 李丁

中国建筑工业出版社
CHINA ARCHITECTURE & BUILDING PRESS

图书在版编目（CIP）数据

2015中建杯"5+2"环境设计大赛优秀作品集 / 潘召南，龙国跃主编 ；四川美术学院环境设计系编． -- 北京：中国建筑工业出版社，2015.10
ISBN 978-7-112-18546-7

Ⅰ．① 2… Ⅱ．①潘… ②龙… ③四… Ⅲ．①环境设计－作品集－中国－现代 Ⅳ．① TU-856

中国版本图书馆CIP数据核字（2015）第 235117 号

责任编辑：唐　旭　李东禧　张　华
书籍设计：谭　璜　陈奥林
责任校对：李美娜　陈晶晶

2015中建杯"5+2"环境设计大赛优秀作品集
四川美术学院环境设计系　编
潘召南　龙国跃　主编
张宇锋　韦芳　赵宇　副主编
编委　江波　周维娜　周炯炎　杨春锁　莫敷建　李丁

*

中国建筑工业出版社出版、发行（北京西郊百万庄）
各地新华书店、建筑书店经销
中华商务联合印刷（广东）有限公司印刷

*

开本：880×1230毫米　1/16　印张：16½　字数：526千字
2015年10月第一版　　2015年10月第一次印刷
定价：168.00元
ISBN 978-7-112-18546-7
　　　（27788）

# 前言

Preface

在这样一个瞬息万变的世界里，我们无法预测明天会发生什么，所以，我们需要更好的方法与更多的途径来应对未来可能会突然发生的变化。社会、科技、商业、文化的变革推动并强化着设计思维和方法的更新，设计的内涵与外延在当下的语境中不断被重新演绎和拓展。基于此引申出 2015 中建杯"5+2"环境设计大赛的主题为"互联·共生"。何谓"互联"？基本原义是指在两个物理网络之间至少有一条在物理上连接的线路，它为两个网络的数据交换提供了物质基础可能性。何谓"共生"？基本原义是指两种不同生物之间所形成的紧密互利关系。因此，界定为三个方面的主题内涵：一是传统民居与现代设计的互联·共生；二是境与人的传承再生设计；三是人文情境与建筑记忆的共生设计。

本次大赛旨在于倡导开展为地方服务的设计，促进西部地区环境设计教学与应用设计研究交流，进而推动地区整体设计水平的提升，改善生存发展环境及地区形象；旨在于强调区域化共性特征为竞赛对象的前置条件，即相连的地理关系、相关的地缘人文、相似的地域文化现象，相同的现代经济、科技、文化发展水平。

本届中建杯"5+2"环境设计大赛的作品来自重庆、四川、广西、云南、西安五省市和中国台湾及法国的院校，这些作品很好地体现了不同地域院校在人才培养中对设计价值取向的理性思考和教学创新，各省区的大学生们围绕"互联·共生"主题各展所长，生动地反映出人与自然的和谐关系，在自然中追求和传承美，将人文情境巧妙地融合在建筑中，这些优秀作品使我们对中国环境设计的未来充满了信心和希望。

西部地区较之我国东部经济发达地区，经济发展及设计行业发展相对落后，正因为西部乃至中国环境设计发展之路犹长，问题犹在，我们更希望借此大赛作为助推器，推动区域环境设计人才培养与行业的发展，通过加强西部地区院校之间的交流与港澳台地区及国外院校设计教育的对话不断提出问题、思考问题、解决问题，共同促进发展。

2015 年 10 月

# 目录
Contents

景观类

Landscape

作　　者：谷成
作品名称：冰雪奇缘——铜梁气象科普公园冰雪体验园景观设计
所在院校：四川美术学院
指导老师：黄红春

设计说明

　　根据场地地形自身特点，以及冰雪感受，设计依山而建，以沿河流层叠式的流动曲线为主轴结合地形依次层叠上去，曲线的丰富形态贯穿整个场地与环境融为一体，使得整个苍穹成了帷幕，达到雪的肌理的效果。一条具有力量的曲线可以令空间场地变得富有节奏感地流动起来，犹如行云流水的水墨画般。场地的景观设计是流线型的，包括人们的游玩路线，以一个没有间断的、连续的线，一个连一个，我希望场地内可以达到没有棱角的效果。

　　入口区为冰川融化的漂浮感受，地面以镜面铺装为主，周边设有结合地形的阶梯座位，阶梯上的人可以俯瞰其他游客在冰川里穿梭行走，穿梭行走的人可以仰视阶梯上的人，就如诗句里所说的"你站在桥上看风景，看风景的人在楼上看你，明月装饰了你的窗子，你装饰了别人的梦"。进入场地内为冰雪结晶的科普景观，构筑物本身包含了一个结晶展示和一个观景平台。游客们可以俯瞰这个雪白场地与河流和山脉互相交织和的流动空间。沿河流的阶梯式的曲线，你可以把它当作休息的座位，也可以当作台阶，上去或下去都是你的自由。周边设有冰雪迷宫、滑雪设施、亲水平台、下沉式科普展示空间等，创造出在静止中运动的空间。

口
川融化漂浮景观
景台
息区
放下沉式科普空间

6 冰雪迷宫　　11 灯阵
7 水结晶观赏台　12 亲水平台
8 溜冰场　　　　13 沿河流阶梯观赏区
9 水雾阵　　　　14 下沉空间出入口
10 科普长廊　　　15 下沉空间出入口

作　　者：谭斐月、张可人
作品名称：归耕，归耕——重庆肖家沟老旧居民区中废弃地再利用
所在院校：四川美术学院
指导老师：黄红春

设计说明

　　设计场地位于重庆肖家沟的老旧居民区内，由于政治原因，这片地拆迁后就一直未被整治，日益变成了附近居民的集体垃圾场。砖块、杂草、废物在这块场地中随处可见，臭气熏天，严重影响当地居民的正常生活。

　　设计以"耕"、"根"为概念，关注都市中这样因各种原因遗留的废弃地块的短期或者长期的利用，并且结合都市中人们的生活方式，希望打造出一块都市中的菜园，引导人们的健康生活方式和对农耕、对土地的情感回归，希望人们不再滥用土地，废弃土地，希望人们能在自己的土地耕耘，回到过去农耕时期对土地的善待，尽善尽美地利用，能给城市带来一些质朴的、充满回忆的景观。

作　　者：吴晓东、宋丹
作品名称：城市候鸟居住构想——重庆九龙坡区电厂概念规划
所在院校：四川美术学院
指导老师：黄红春

设计说明

　　通过设计手段使集装箱不再拘泥于室内空间的使用，让室内与室外空间进一步结合，让居住集装箱不止
停留于单一的功能上面，使功能区间的形式与功能更加多变，同时也能让住户与住户之间联系更加紧密。

　　1.解构集装箱本身形态，通过变形、切割、组合等多种方式，将室内、室外结合。

　　2.通过对集装箱箱体与箱体之间的推拉形成更加丰富多变的功能。

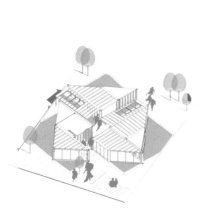

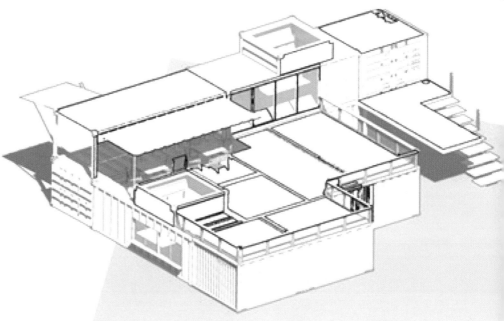

作　　者：周佳君、周知晓
作品名称："途"——年轻在路上、青春于自然
所在院校：四川美术学院
指导老师：徐保佳

设计说明

　　根据线路起点到终点沿线海拔、气候、人文特色的变化，将墨脱徒步旅行线路分区、分段、分特色规划。由两个服务中心、三个营地划分为四大板块，修复其中一些年久失修但具有特色的景观；新建部分具有片区特色的景观。让行走在路上的人们体会到沿线的高原雪山、原始丛林、峡谷地貌、村落民俗等自然与非自然奇观，并能在徒步旅行途中实现突破自我、放松、交往等意义。

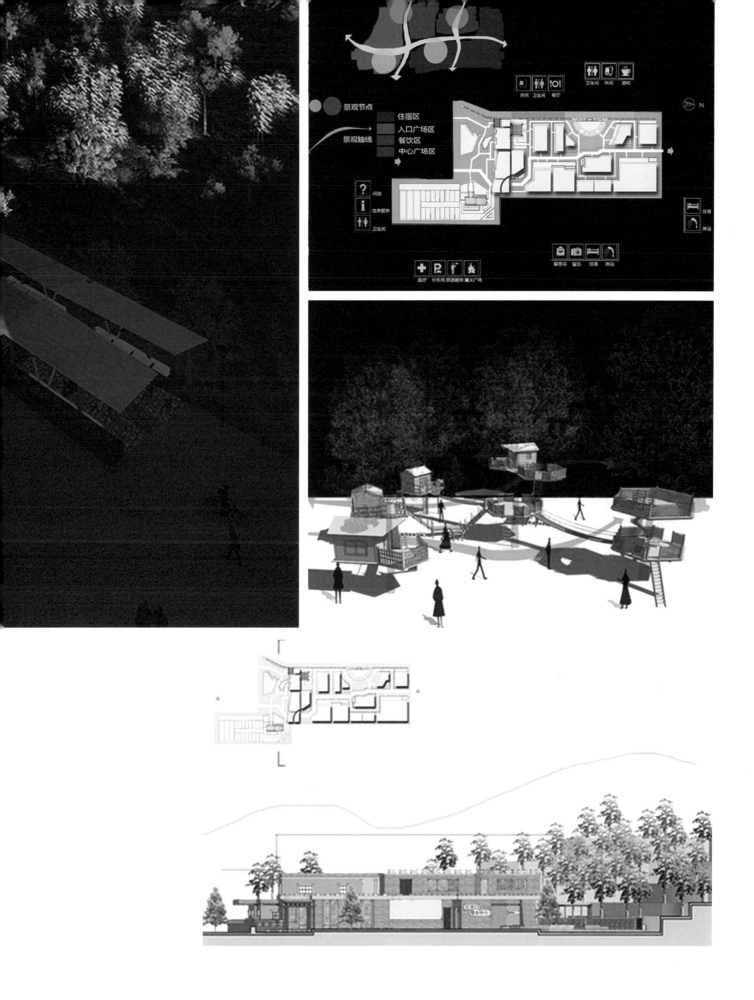

作　　者：钟万丽
作品名称：重庆钢铁工业文化生态休闲公园景观设计
所在院校：重庆文理学院
指导老师：周鲁然

设计说明

　　功能定位：突出重庆钢铁厂工业记忆、创意水岸，有工业文化博览区及教育科普钢文化和生态景观及
运动健身功能的主题公园。

　　景观特色：体现近现代工业文化景观与现代建筑风格及生态景观的结合，形成从江湾到腹地层叠后退
的舒缓天际轮廓线。

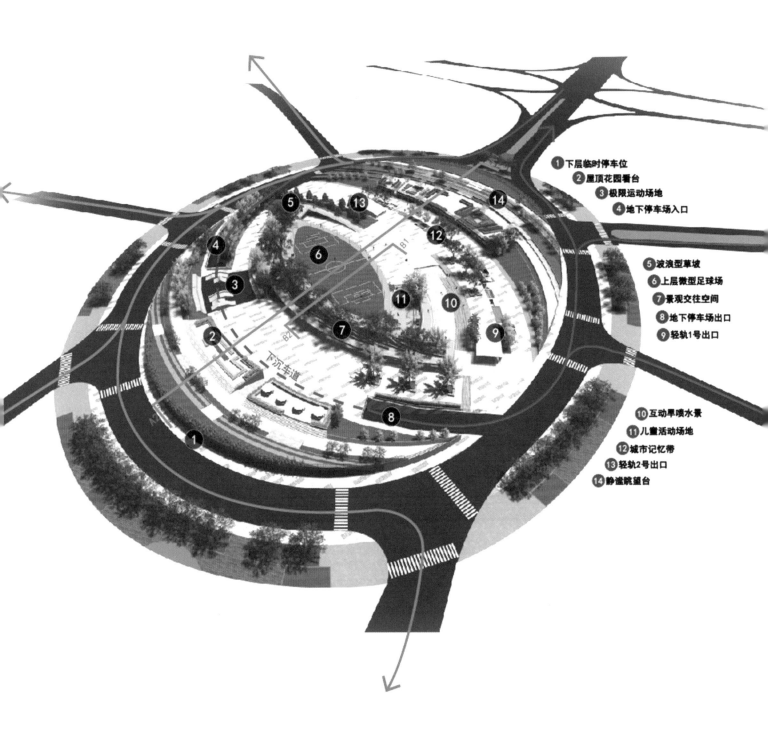

1 下层临时停车位
2 屋顶花园看台
3 极限运动场地
4 地下停车场入口

5 波浪型草坡
6 上层微型足球场
7 景观交往空间
8 地下停车场出口
9 轻轨1号出口

10 互动旱喷水景
11 儿童活动场地
12 城市记忆带
13 轻轨2号出口
14 静谧眺望台

下沉车道

作　　者：林伟、颜媛
作品名称：城市的活力再生——悦来生态城椭圆形广场设计
所在院校：重庆艺术工程职业学院
指导老师：柏雪

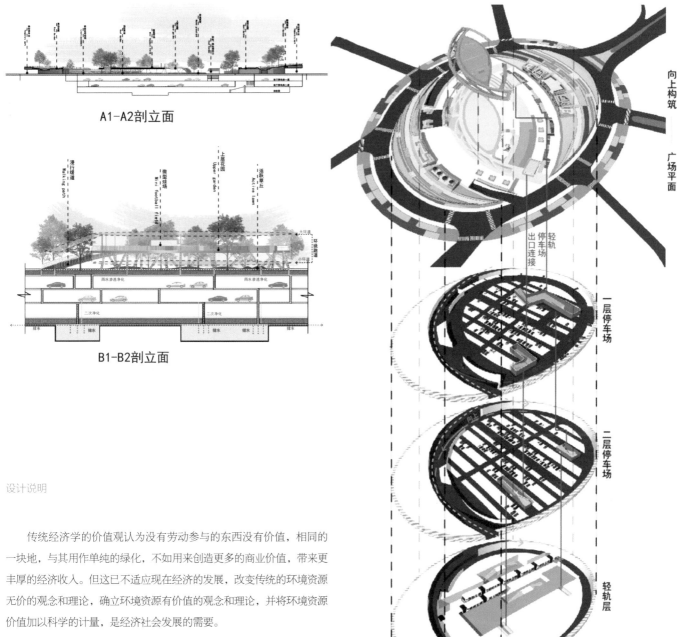

A1-A2剖立面

B1-B2剖立面

设计说明

　　传统经济学的价值观认为没有劳动参与的东西没有价值,相同的一块地,与其用作单纯的绿化,不如用来创造更多的商业价值,带来更丰厚的经济收入。但这已不适应现在经济的发展,改变传统的环境资源无价的观念和理论,确立环境资源有价值的观念和理论,并将环境资源价值加以科学的计量,是经济社会发展的需要。

　　同样,在城市的形象建设中,地域个性失色,城市的历史记忆、文化脉络、环境生态和生活方式的多样性急剧丧失。人们需要创造一个既能适应生活需要,满足现代人的休闲和文化需求,文脉得以延续和发展,又能让自然与城市保持平衡的景观设计,让人类文化与自然永存并且持续地发展下去。

　　设计分为人性、记忆、生态三个板块,打造丰富的景观空间的同时,解决城市所面临的一些问题:1.交通拥堵,交通容积率不足;2.城市记忆的减退;3.城市排水;4.城市公共活动空间的单一性。

　　解决方案:1.人性——丰富景观空间,增加出不同的大小空间,让人体验不同的空间。增加上层运动场所和中层活动空间。2.记忆——

打造悦来生活市场(悦来赶集传统的延续)从铺装上体现悦来这个地块的古老文化以及由来。3.生态——融入"海绵"的理念,在绿地、铺装中解决雨水渗透(解决城市排水), 再由地下管道引到地下储水系统增加出上层活动看台,上层为居民提供丰富的活动场所,下层提供停车位(解决城市交通容积率)在场地中增加地下车行道,缓解商圈交通压力。

作　　者：卜小芮、杨小莉
作品名称：重庆京渝文创园景观设计
所在院校：重庆艺术工程职业学院
指导老师：柏雪

设计说明

　　【提出】——行走是我们一直在做的事情，景色是我们一直欣赏着的画面。这时思考来了？——为什么脚下的路不能与眼里的景有着更密切的关系呢？

　　【提炼】——重庆京渝文化园本身是个艺术产业园，我们对此提出了"让道路不仅仅只是道路，让景观不仅仅是景观"的构思。

　　为了达成这一期许我们提炼出了"莫比乌斯环"的概念，强调人与物之间的互动性，趣味性与体验性。

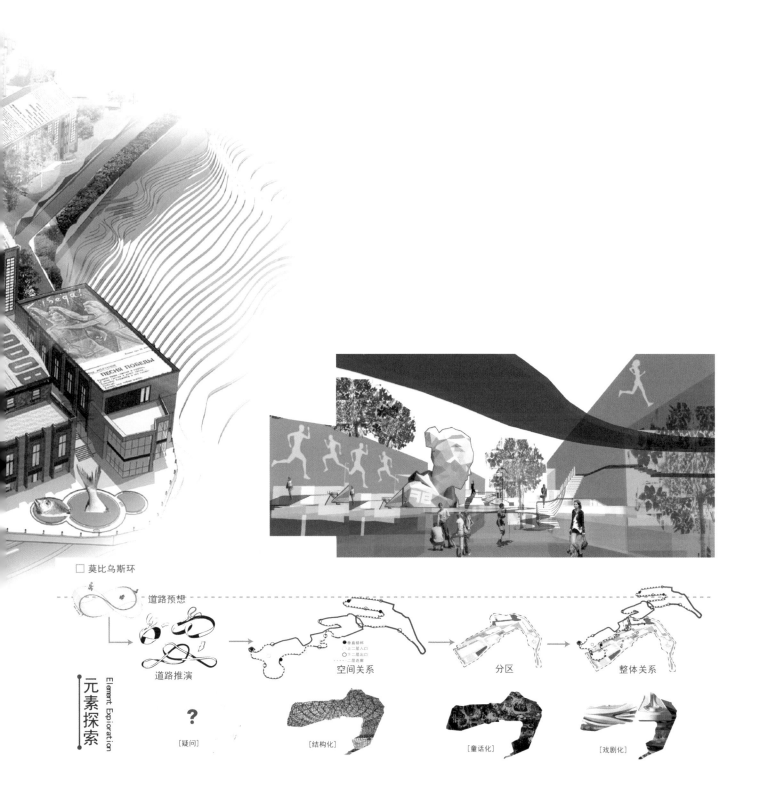

□ 莫比乌斯环

道路预想

道路推演

元素探索
Element Exploration

空间关系

分区

整体关系

[疑问]

?

[结构化]

[童话化]

[戏剧化]

【理念】——我们强调设计主题与项目本身的联系——"循环"与"重生"。我们从凝聚人气、传承时间、循环空间、重生改造四个方面把道路和景观结合起来。达成不同层次的空间变化与极富视觉冲击的人行景观为主轴线。结合区域特色艺术形式挑战视觉与建筑的不同模式。

【期许】——使道路与景观形成"莫比乌斯环",让行为活动更具冲击力的体验。打造物能与人产生强烈的互动性与体验性。

作　　者：陈文川

作品名称：天津近现代历史博物馆及周边场景概念设计

所在院校：四川美术学院

指导老师：赵宇

## 设计说明

当代历史博物馆已经成为公众休闲、交互教育及举办大规模展览的场所，不再是单纯而僵硬的教育展览。带有沉重历史责任的博物馆，更需要找寻适合当代大众的设计语言。

基地位于中国天津市中心，著名历史文化建筑西开教堂南侧，在天津著名商业街旁，是天津现代生活与历史文化的交点。而我们希望在这个特殊的场地中，为近现代历史博物馆消除其距离感，增强博物馆的人情味，从而改善历史博物馆与现代城市居民之间的关系。

在建筑外形上采用不规则的界面削弱严肃的氛围。材质上通过实、透、反射的界面转换，营造穿梭于现实、历史与未来的感受。同时建筑表皮对城市景象的镜像投射既承载历史记忆，又饱含对城市未来的希望。合理利用层高不同的建筑屋顶空间，形成露天的开敞休憩空间，市民或游览者不仅可以进行社交活动，同时也可以从不同角度去感受整个场地，以不同的视角与周围的人、建筑及环境交流对话。

在教堂与博物馆建筑之间，通过地面的十字铺装与静谧的树阵形成一个相对静谧的思考与反思的空间。由教堂的建筑形态重新抽离组合形成场地中主要的景观构筑，赋予它们变幻的材质与功能，丰富场地的观赏性与参与性。

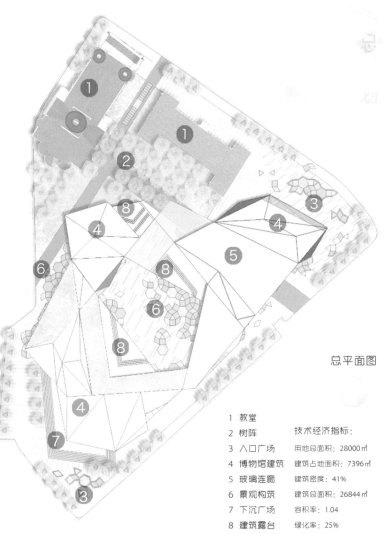

总平面图

1 教堂
2 树阵
3 入口广场
4 博物馆建筑
5 玻璃连廊
6 景观构筑
7 下沉广场
8 建筑露台

技术经济指标:

用地总面积: 28000㎡
建筑占地面积: 7396㎡
建筑密度: 41%
建筑总面积: 26844㎡
容积率: 1.04
绿化率: 25%

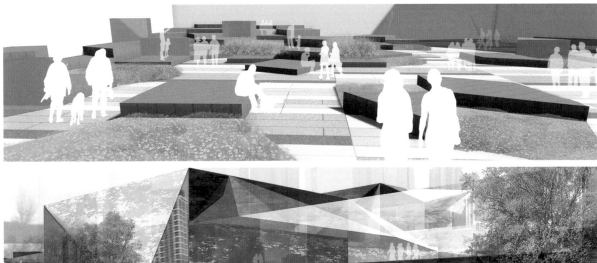

作　　者：牛云

作品名称：让城市记忆升起——天津博物馆地块建筑概念及景观规划设计

所在院校：四川美术学院

指导老师：赵宇

设计说明

　　项目基地位于天津市滨江道商业街的南端，是南京路高档商务区的核心，也是天津著名的地标性建筑。基地内部待拆待建，外部商业气氛浓郁，教堂中宗教文化严肃而庄重，外围小范围的花鸟市场轻松而热闹，人们在这个集市场所中愿意去攀谈与交流，与中规中矩的百货商场相比，更多了一份悠闲与自在。

　　在现代城市里大小商场、超市随处可见，看见露天市场与活动场所往往有一种返璞归真的感觉，我认为一座城市应是严肃但不失去活泼的，如果厌倦了百货商场的中规中矩，去露天市场也许能换一种心情，更多的是一种情趣。所以，我所设计的关键词是集市与富于变化的空中廊道，设计重点以景观设计为主，建筑设计为辅，设计主题为：以空中置换地面，还集市于长廊。

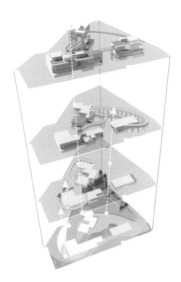

观光电梯

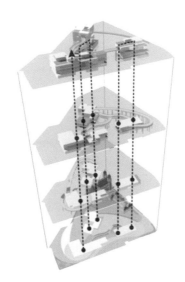

建筑内部

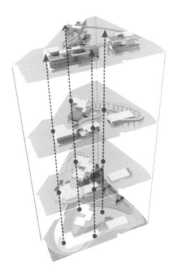

广外步梯

作　　者：潘千千

作品名称：折射——铜梁气象科普主题乐园彩虹气象体验设

所在院校：四川美术学院

指导老师：黄红春

设计说明

　　整个设计依靠一些气象生成的物理原理，让人们更加了解气象，更加深刻地认识到大自然的魅力。方案中以彩虹气象景观作为主要设计及研究对象，利用三棱柱的物理原理以及彩色玻璃的合理运用，同时根据山地地形的起伏变化，创造出一个具有科普性质的彩虹主题区域。从而将彩虹带到人们的生活中，让人们能够在感受彩虹的同时也可以学习到彩虹形成的物理知识，让彩虹不再是谜一样的存在，不再是处在人们的幻想之中。

　　不同于传统意义上的科普，铜梁彩虹气象科普公园不单单是通过文字，通过屏幕来教授科学知识，而是将气象物理知识与地形、环境、游乐设施相结合，是以可参与性、可感知性、可互动性为主，在娱乐休闲的过程中了解气象知识，不但提高了兴趣点，而且可以在学习中游玩，在游玩中达

到寓教于乐的目的，使得思维更加宽阔。

　　铜梁气象科普公园位于重庆市铜梁县气象局，彩虹气象体验位于整个气象科普公园的中部，海拔高差都相对较大。所以，依靠这一地形条件打造一个寓教于乐的山林大地景观。运用彩虹的基本原理——折射以及运用彩色玻璃打造的彩色景观趣味空间。

　　1.设计原则：（1）可观性：首先要能够吸引游览者；（2）体验性：将折射原理运用到场地中，在体验中了解气象；（3）互动性：游览者可以参与场地中各个彩色景观以及三棱柱景观中，增加与场地的互动。

　　2.设计构思：依附彩虹原理——折射，所以将三棱柱作为整个设计的核心方向，根据三棱柱变形、重组、结合等方式来设计出整个场地的景观以及地形。

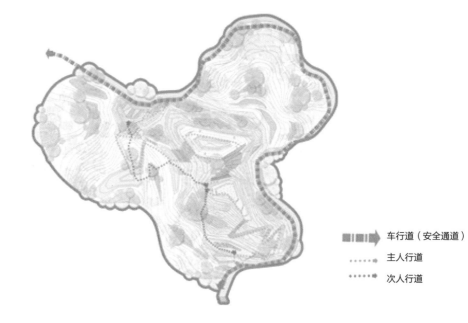

车行道（安全通道）

主人行道

次人行道

作　　者：宋文婷、魏华
作品名称：洞鉴古今——谢家湾抗日生产洞组群景观设计
所在院校：四川美术学院
指导老师：赵宇

设计说明

　　本案位于重庆谢家湾抗日生产洞遗址，依山面水，地形高差大，作为商业性的纪念景观设计，在设计上保留原有场地建筑、洞口、生产设备等，作为承载历史记忆的重要元素，对空间进行整合，构造出了休闲停留场所、商业元素、民国风情、纪念性质的景观。满足了场所的文化展示和文化体验。

　　景观用环境氛围塑造的场所表现出来的是看得见的历史，触得到的文脉，这种精神的给予会让每一个使用者对环境充满强烈的归属感与认同感，在漫漫时间长河中，防空洞见证了时代的变迁和历史的兴衰，洞鉴古今，是把设计放入历史变迁的时间坐标中检阅，将他作为代表我们这个时代的标识和记忆来思考，使其设计成果不仅仅对现在的人物和事件有意义，更要在今后仍然有可被保留的意义与价值。

剖面图

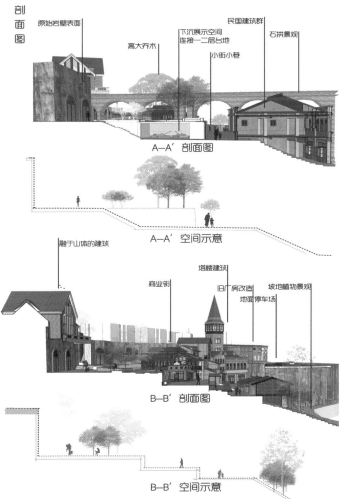

原始岩壁表面　　高大乔木　　下沉展示空间　　民国建筑群　　石拱景观
　　　　　　　　　　　　　　连接一二层台地　　小街小巷

A—A' 剖面图

A—A' 空间示意

融于山体的建筑　　　　商业街　　塔楼建筑　　旧厂房改造　　坡地植物景观
　　　　　　　　　　　　　　　　　　　　　地面停车场

B—B' 剖面图

B—B' 空间示意

作　　者：魏天娇
作品名称：城市交流平台设计——杨公桥桥下空间改造
所在院校：四川美术学院
指导老师：赵宇

设计说明

在快速发展的城市中，产生了很多废弃的或者没有充分利用的空间夹缝，我们试图利用这些夹缝建立起合适的环境作为丰富的精神生活并创造出更多的社会价值和经济价值。我们希望将这些改造的过程和产生的东西符号化，让不同地方和环境中的空间碎片因为拥有了同一个"基本的"空间形象而建立起联系。位于重庆市沙坪坝区中心商圈的边沿，是人们上班娱乐休闲往来的交通要道。但必须注意的是，杨公桥立交处在兰海高速公路这个重要的交通要道上，使得大规模的施工改造变得几乎不可能。我们选择了最小限度的改造，用一条超宽的连续的带状道路和天桥代替了以前的两条通勤用的小天桥。同时为了避让已有的柱子并使整体的平面保持整洁，我们将这条道路以这其中的一条高架桥的形状走向布置。同时，我们选择方体来构建我们的具体景观——它在重复堆

叠时会产生出各种意想不到的效果……这些方体被我们确定为一个中等大小的卧室的大小，它的主体并不是完全封闭的，而是一个六面完全通透的框子，这些框被赋予了不同的功能。景观方体：这些方体是环境中的主体，它们一部分被固定在道路周围，一部分则可以自由移动。同时人们可以在这里自由的进行农业生产。商业方体：在这里我们发现把"生产"和"消费"放在一起将会产生别样的效果。功能方体：这些方体是构成场地功能的基本元素。照明方体：这些方体并不是简单提供照明需求的。随着技术的进步它们将会为大型的机会活动提供专业的灯光服务。在我们的设计中，这些方体将在场地中被自由的组合起来，以适应不同的环境它具有如同积木一样的多样性和多变性，而这才是我们真正想要得到的。

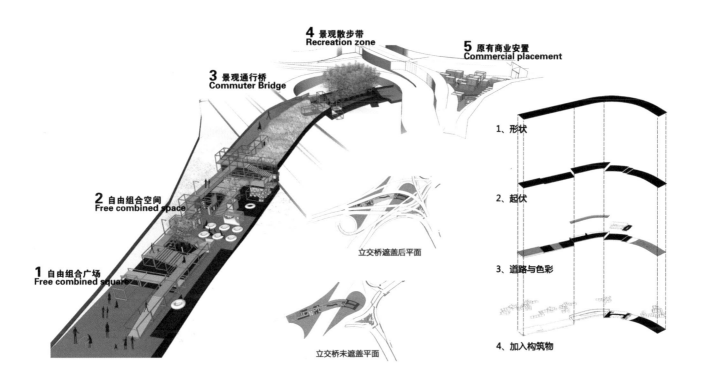

4 景观散步带
Recreation zone

5 原有商业安置
Commercial placement

3 景观通行桥
Commuter Bridge

2 自由组合空间
Free combined space

1 自由组合广场
Free combined square

立交桥遮盖后平面

立交桥未遮盖平面

1、形状

2、起伏

3、道路与色彩

4、加入构筑物

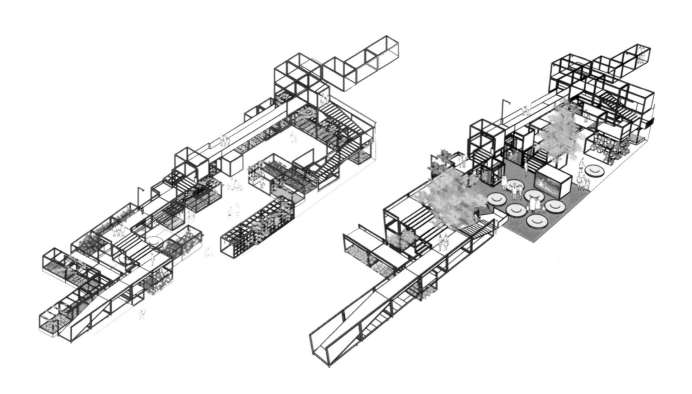

作　　者：肖欢

作品名称：城南轨迹——重庆九龙坡铁路主题公园

所在院校：四川美术学院

指导老师：赵宇

设计说明

本次设计的探究方向在于，将城市景观与工业生产相结合，创造全新的、互助性的游览模式，使得工业生产与作业透明化，呈现在大众眼前，并融入互动和参与部分，给工业园的"景观"赋予新的意义，生产流程和大众观赏互为"景观"，体现科技和工业化的群众性。

与此同时工业引发的环境污染也在产业交替中得到了一定的治理，集市在沦为废弃地时，不至于导致土功能性衰退。从而挖掘出一种新的具有时代代表性的景观模式，同时也是一种新的"社会关系"。在跟城市化弊端层出不穷的较量中，互助型的工业景观模式将会成为城市景观中具有修复作用的鲜活细胞。

作　　者：彭海 , 乔星路 , 王钟瑶
作品名称：溶●共生——南宁市五象新区自治区公益项目中央公园规划设计
所在院校：广西艺术学院建筑艺术学院
指导老师：玉潘亮

设计说明　　　　　　本案设计地点位于南宁市五象新区五象湖公园旁，占地面积 95 万平方米。总体设计理念可概括为：景观营造结合历史文化，体现地方精神和场地的独有面貌；用园林的理念演绎场地的发展脉络，营造出以植物造景为主，能够体现和具备游览、休闲、科普教育、文化普及等多功能的城市远郊公园。从融入周边服务城市的角度出发，根据原有地形设计了 7 个区域：政府行政广场区、山丘景观区、山林亲水休闲区、商务街休闲娱乐广场区、金融街休闲广场区、居民休闲娱乐区、文化普及区。整体设计上尽力做到充分利用每一寸土地，确保其可以为城市增添一道风景线，保留场地原有植被与地形，形成山丘景观营造宜人小气候。树种上采用乡土树种，与当地气候相适应，减少维护需求。在水体上设计上引邕江水源与下部五象湖公园形成循环水系，达到对城市供水系统的零消耗。另外，设计从内部根植于所在地城市。各区都有体现地方文化的设计。每个分区内都有一定数量的软质土壤保留，可以通过雨水处理，渗透和补充地下水源。力求营造"现代与自然融合，人工与天成相融合"，的可持续景观。整个设计以"山水城市"为主线，贯穿到整个方案，同时辅以特色民族元素，体现其少数民族地区特有的文化内涵。

## 立面图

低矮树篱

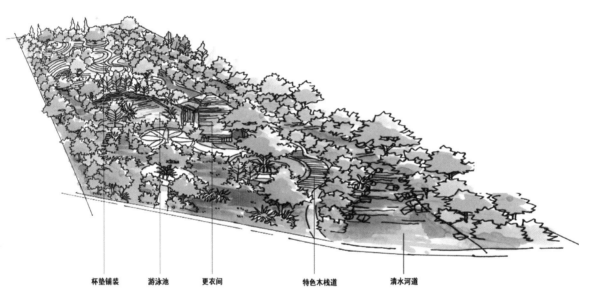

杯垫铺装　　游泳池　　更衣间　　　　　特色木栈道　　清水河道

作　　者：夏珊珊、滕榕、王仁钦
作品名称："一天"居住区公园设计方案
所在院校：广西艺术学院建筑艺术学院
指导老师：罗舒雅

设计说明

　　"一天"居住区公园设计方案——乐活，分享，一站式公园。设计方案引入"ONE DAY"的设计概念，以 Morning-Afternoon-Night 代表一天三个时间段。依托居住区中心地块布局分别设置三个主题园区。导入全年龄社区，阳光山水公园概念，创造一个功能齐全、景色优美的，可供全天候使用、居民共享的居住区公园。表现人与自然的和谐契合、与物无忤、恬然自安而无所不适的交融合一。

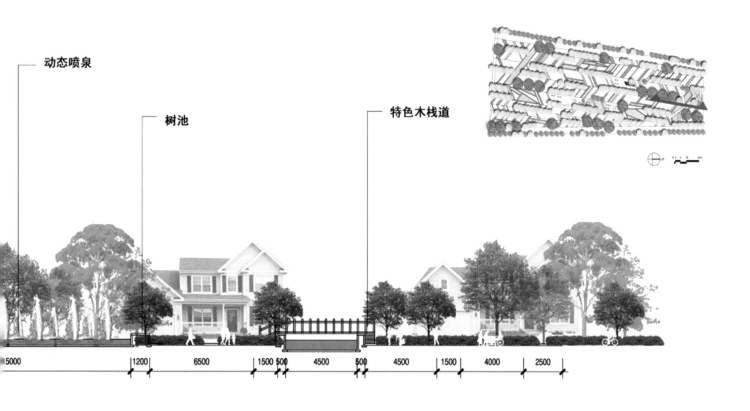

动态喷泉

树池

特色木栈道

5000　　1200　　6500　　1500 500　　4500　　500　　4500　　1500　　4000　　2500

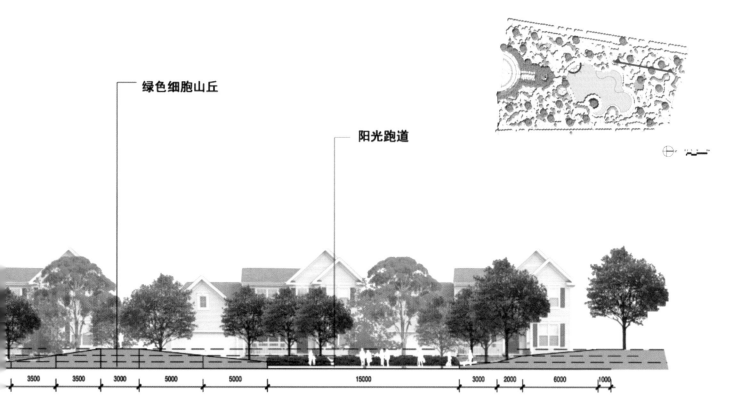

绿色细胞山丘

阳光跑道

3500　　3500　　3000　　5000　　5000　　15000　　3000　　2000　　6000　　1000

作　　者：陶顺奎

作品名称：隐·显空间渗透——城市边角料·桥下灰空间景观改造设计

所在院校：广西艺术学院建筑艺术学院

指导老师：曾晓泉、罗舒雅

设计说明

　　项目地位于广西南宁相思湖，这里植物四季被称为"草经冬而不枯，花非春而常放"。从古至今我国古建庭院造景多离不开植物，其中小庭院的营造更是离不开竹，而竹对于广西来讲又有着特别的地位，成年竹子可作为广西人们日常工具的原材料，幼年的竹笋又是当地人们餐桌上的一道美食。本次设计以"竹"为概念，竹枝叶"交错而不乱，生长而不扰"竹笋又向往着绿色生机、希望，因此项目在平面道路和绿化布置形态的穿插设计上采用竹子"枝"和"叶"关系进行提炼和再创，理念核心则是以竹自身根系延伸带来竹笋生长从而造就一整片竹林的自然生长原理为元素，以此启发通过对植物自生态的合理设计来，来保证景观的可持续性和生态性。项目总体通过隐显空间对比分析和"枝叶、笋"概念的互联共生结合，从而达到项目地景观"隐景而显观，显观而景异"的氛围效果。在设计过程中秉承"以人为本、尊重自然、人与环境对话"的理念，修复改善桥下空间的闲置浪费，合理处理人与人、人与社会文化、人与生态环境、社会文化与生态环境的关系，向社会群众传达城市灰空间的重要性，同时也提倡人们节约土地、保护自然、低碳生活的社会价值观。

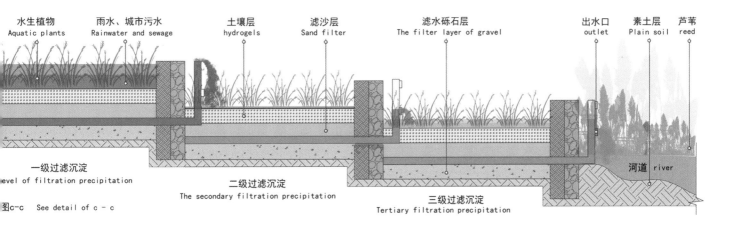

水生植物
Aquatic plants

雨水、城市污水
Rainwater and sewage

土壤层
hydrogels

滤沙层
Sand filter

滤水砾石层
The filter layer of gravel

出水口
outlet

素土层
Plain soil

芦苇
reed

一级过滤沉淀
evel of filtration precipitation

二级过滤沉淀
The secondary filtration precipitation

三级过滤沉淀
Tertiary filtration precipitation

河道 river

图c-c    See detail of c - c

作　　者：谢锦翔、殷娟、周莹
作品名称：融合·共生——中央公园景观规划设计
所在院校：广西艺术学院建筑艺术学院
指导老师：玉潘亮

设计说明

　　本项目位于广西南宁市五象新区，该园区服务于自治区行政中心，周边分布有三馆自治区重大公益项目（广西规划馆、广西美术馆、广西铜鼓博物馆），结合周边用地性质，在原有的地形上打造了以生态运动为主题，现代建筑景观和民俗特色元素相融合，体现人与自然和谐统一，传承人文情怀理念的生态主题公园。

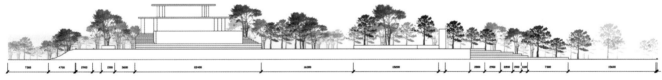

该园区分为市政广场区、骑行区、铜鼓广场区、览胜区、文化艺术区、商业交流区、有氧运动区、户外交流区、休闲区和园内服务中心等现代简约风格景观建筑和具有民俗特色的景观区域。该场地占地面积约为79万平方米，根据每个区域不同主题种植了各种本土亚热带植物，同时保留了部分场地设计建造前的植物，大量的植物种植使得人们告别

雾霾尽情地享受自然地气息，实现了人与自然的和谐统一。无论是在艺术长廊、风情酒吧街、有氧运动区等建筑和景观设计中均采用了几何形式等现代简约风格，还是在览胜区采用了广西三江的建筑风格的景观塔和采用了广西特有的铜鼓元素进行设计的铜鼓广场以及景观入口处的山水风光带，都是为了表达现代建筑景观和民俗元素的相互融合与共生。

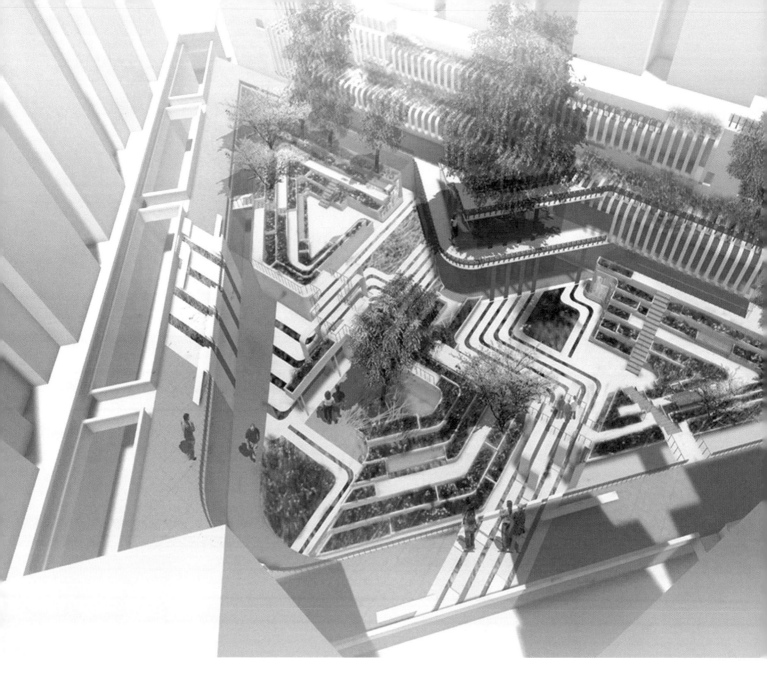

作　　者：尹星入、黄傲霜、秦越
作品名称：城市"夹缝"
所在院校：广西艺术学院建筑艺术学院
指导老师：黄红春

设计说明

　　设计场地为重庆杨家坪花鸟市场，场地大小为 80m×120m，以解决该场地居民与商业的矛盾为出发点，依托花鸟市场良好资源，打造商业与居住共生的美好生活环境。

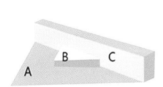

A   B   C

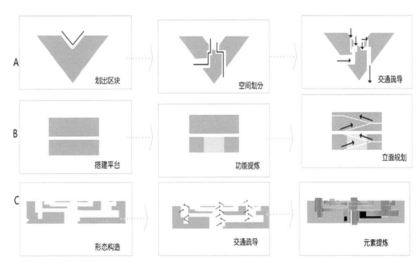

作　　者：檀燕兰、张雨倩、农秋慧
作品名称：时光印巷——南铁规一街划方案
所在院校：广西艺术学院建筑艺术学院
指导老师：刘博

设计说明

人文情境与建筑记忆的共生设计，

旨在从环境设计的角度出发：

1.以"乡愁"为载体，挖掘下传承人本情怀；

2.以铁路文化为主题，打造具有铁路特色的景观；

3.以城市记忆为载体，打造具有本地特色的文化街区；

4.以居民区改造为重点，打造具有互动性的生产性景观；

5.以传承绿城精神的号召为指导，打造更立体吃城市绿化系统；

6.以海绵城市的技术为支持，打造更科学的城市雨洪管理社区体系。

铁轨　　　　　　　　铁轨枕木　　　　　　　铁轨枕木几何化

工厂构筑物　　　　　工厂高架构筑物　　　　入口铁锈板廊架

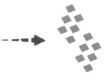

农田　　　　　　　　块状农田　　　　　　　块状草地

铁轨　　　　　　　　铁轨隔断　　　　　　　铁轨方格

蜂巢　　　　　　　　蜂巢几何化　　　　　　蜂巢铺装及座椅

作　　者：李高杰
作品名称：整合与重构——殷庄村概念景观规划设计
所在院校：四川大学
指导老师：周炯焱

设计说明

　　通过整合村庄中的闲置空间（生活建筑空间、生产空间、社会交往空间），引入田园景观，重构平衡田园的
景观概念和乡村价值体系。

　　以田园为载体、以道路为纽带，结合乡村特有的农作物实现田野、街道、构筑物的平衡，相互映衬的独特景
观，利用本土资源，减少资源浪费，起到最大的景观效果。

　　重塑"点、线、面"相结合的景观体系，完善乡村公共服务体系，满足村民现代生活需求。

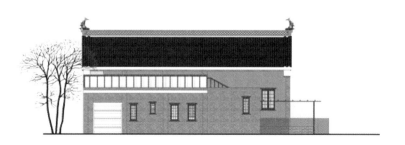

南立面图  1：50

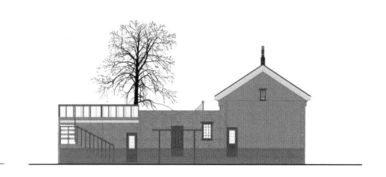

东立面图  1：50

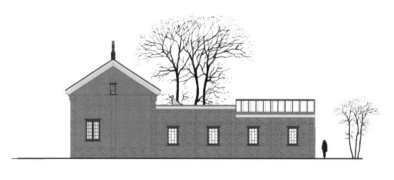

西立面图  1：50

作　　者：刘振
作品名称："曲步清林"社区景观设计
所在院校：四川大学
指导老师：段禹农

设计说明

　　"江南房子"，顾名思义江南水乡的特色肯定要充分体现，因此整体设计上将充分运用"新中式"设计方法来营造浓郁的中式水乡园林。本设计将着眼于中国传统文化，将文化与现代设计元素相结合，营造一个具有"新中式"风格的老人小区绿地规划设计。设计将以居民实际需求为入手点，结合整体的设计风格去解决现有问题，真正做到以人为本。在整体设计风格上，将会以内敛沉稳的传统文化为起始点，巧妙融入现代设计语言，为现代居住空间注入凝练、唯美的中国古典情韵。

　　设计总体从老人的心理需求和生理需求出发，结合小区整体风格，满足老人对于交往、娱乐、运动的需求。该小区的整体风格带有浓厚的江南文化，带着对纷繁生活的感悟，带着对回归自然的居住渴望去完成。整个项目总占地一百余亩，总建筑面积约十万平方米。

　　江南房子提倡的是更贴近自然，更健康环保，田园式的居住方式，设计中不仅从建筑立面、小区绿色生态园、植物配置等方面引入生态概念，独特的江南风格的徽派建筑，穿插与小区内部的景墙，连同典型江南风格的主题广场，同时，又落脚于成都当地文化，利用公共艺术的手法将江南风格与成都当地特色文化有机的融合，打造成有地域代表性的园林式生态老人社区。

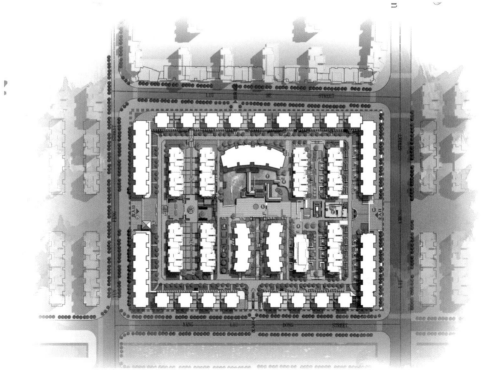

1：主入口
2：入口广场
3：艺术装置
4：运动区
5：中心广场
6：亭榭连廊
7：中心水池
8：儿童娱乐区
9：可移动休憩区
10：阳光水池
11：二层娱乐广场
12：生态种植园
13：地下车库出入口
14：管理厅
15：次入口
16：空中连廊
17：消防出口
18：江南庭院

作　　者：刘美洲，王红梅
作品名称：隐·院——生态度假山庄设计
所在院校：四川大学艺术学院
指导老师：周炯焱

设计说明

　　本生态休闲山庄选址于极具历史文化气息的牛河梁国家考古遗址公园，场地中有中国最大的人工油松林，设计与环境有很好的对接。考虑到东北气候严寒，本设计以东北少数民族鄂温克族的"格拉巴"空间形态基础上衍变出更加丰富的空间，使空间更加人性化，能够符合现代人的生活方式，即探索山林地区居住空间继续发展下去的演变方向，应该是向垂直方向，采用某些模块化的单元，遵从一定规律又变化极其丰富的空间建构，将传统的木刻楞建筑搬到空中，"隐于松林、浮游其间"，尽量少的触碰大地，而且是一种谦卑的单元式的方式，在森林里面可以生长，实现人类跟自然和谐相处生活在一起的一种模式。

　　本休闲山庄集展览、图书馆、小型剧院、餐饮、住宿、休闲、功能于一体，可满足不同人群的心理和空间功能需求，住宿区与休闲区分流，避免了单一功能可能会带来的某些问题。人、建筑、自然，三者互联共生。

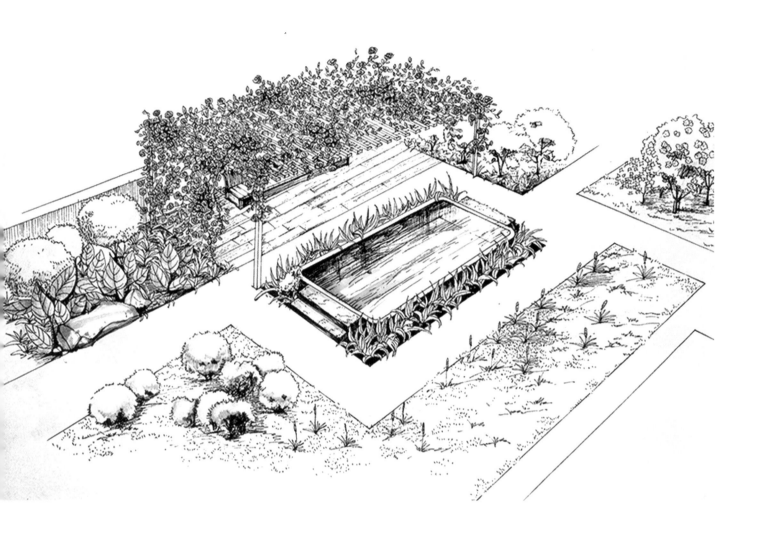

作　　者：龚灿、晋月红
作品名称：屋顶重生
所在院校：四川大学艺术学院
指导老师：周炯焱

设计说明

　　从人与自然的统一中去追求和传承美，表现人与自然的和谐契合。四川大学江安校区艺术学院屋顶目前处于空置状态，杂草丛生，但该地由于地理位置高，且东临江安河，四周风景优美，观景效果甚好。据调查发现，相当高比例的同学愿意到屋顶去观光散步、举行活动等，但由于场地现状单调乏味，且没有休闲设施，我们根据此问题进行了改造设计，丰富了景观类型、利用入口坡度设计了露天观影、提供了休闲设施、增加了活动教室，减少外院学生占用艺术学院专业教室的冲突。景观植物95%都来源于校园植物，且建筑以及构造物也利用植物天然的降温遮阳效果进行设计。贯彻了"天人合一"的至高理念。

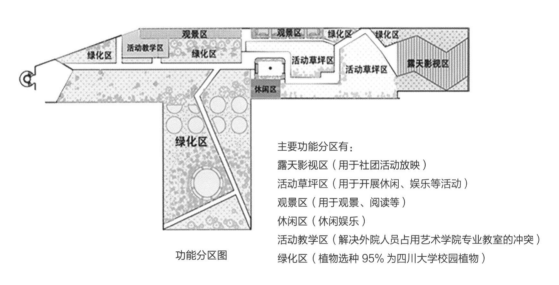

主要功能分区有：

露天影视区（用于社团活动放映）

活动草坪区（用于开展休闲、娱乐等活动）

观景区（用于观景、阅读等）

休闲区（休闲娱乐）

活动教学区（解决外院人员占用艺术学院专业教室的冲突）

绿化区（植物选种 95% 为四川大学校园植物）

功能分区图

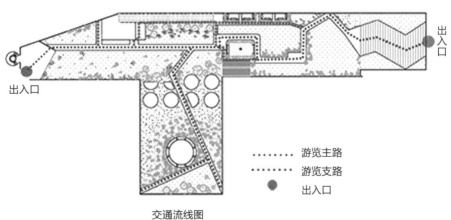

交通流线图

......... 游览主路

......... 游览支路

● 出入口

作　　者：李秋林、张宇驰、黄鸿
作品名称：川大望江校园社区环境改造概念设计
所在院校：四川大学艺术学院
指导老师：周炯焱

设计说明

　　设计在充分的现场调查和分析的前提下，综合历史资源，校园形象分析考虑，方案旨在解决社区中存在的各种问题，提升教职工的生活质量，同时加强教职工公寓社区与大学校园的联系，增强大学生与退休教职工的交流和学习，让社区中充满青春正能量。极具生活气息与具有一脉相承的历史性的生活建筑是对川大文化的有力补充，对提升和深沉挖掘川大底蕴具有真正意义上的价值，如何化历史的劣势为优势，更好体现和发扬川大文化,提升川大校园文化品质则是此次改造的核心目标。

# 地下停车场概念设计

车流
人流

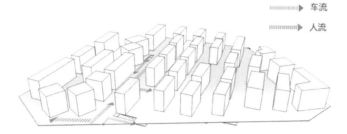

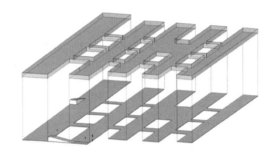

剖面关系

增设的地下停车场可实现人车分流，
也使得地面的环境更加整洁开阔有序。

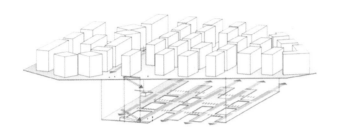

地下停车场流线分析，只占用地面的
少部分面积用以车辆出入。

地下停车场可使用空间示意，可
以根据需求增减。

作　　者：张宇驰、黄鸿

作品名称：若尔盖俄尼山公园设计方案

所在院校：四川大学艺术学院

指导老师：周炯焱

设计说明

　　游步道的设计首先是连接景观节点的重要纽带，在参考原有道路的基础上，分析原有道路的弊端，尊重当地的生态和植被，在寻找最优路径的同时尽量避开生态敏感区，因当地海拔较高，所以整条游步道在每隔 50 米左右的距离设置一个小型休息平台，同时游步道又将原有的景观节点更有机地串联，整条游步道主要采取大"S"和小"S"型的方式铺设，分别用于创造更缓的上下山路径和景观节点的遮景处理等作用，营造更好的上下山舒适体验。游步道的阶梯尽量使用 3 至11 不等的阶梯数成组铺设，步道的宽窄也有一定变化，作用是在不同的地段需要人流的停留或疏散，以及一些观景的需求而定。

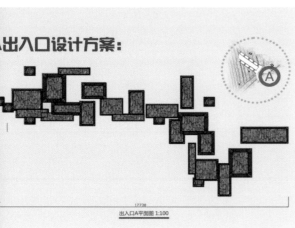

出入口设计方案：

A

17730

出入口A平面图 1:100

作　　者：鲁潇、石志文
作品名称：参数化生态景观 茧·演绎——亭子
所在院校：西安美术学院
指导老师：周维娜

设计说明

　　茧，是一种混沌的状态，它既是空间，又是时间。是一个有生命的物体。它是一种
事物到另一种事物的转变。同时它存在不确定性，未知性（茧中是什么，会发生什么），
它散发着一种神秘感。我们希望表达"对未知事物、未来事物的探索与追求"，作品运用"茧"
的形式将亭子融入自然，探索自然的奥秘。

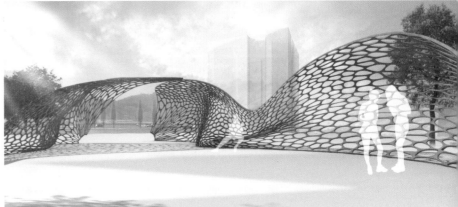

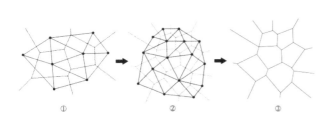

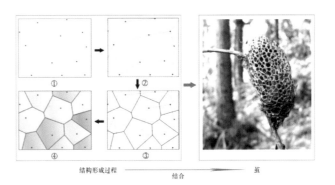

结构形成过程 ———— 结合 ———— 茧

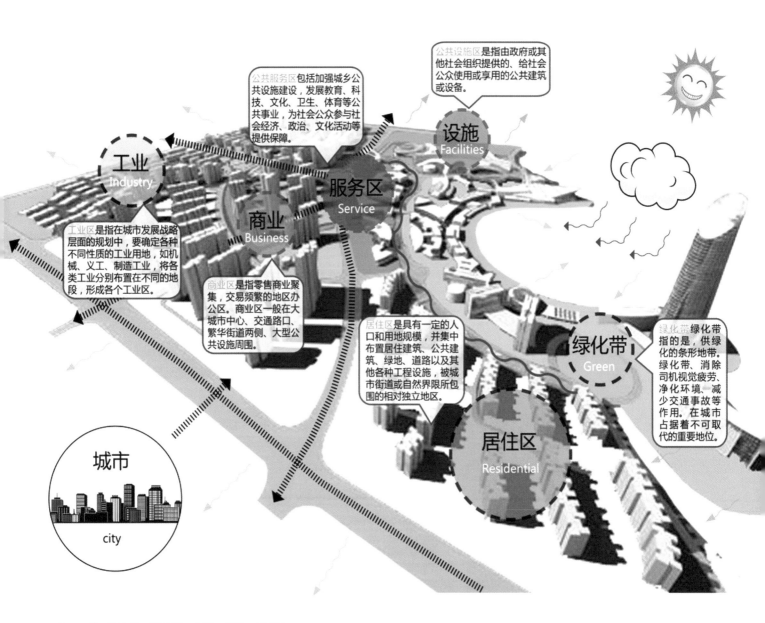

作　　者：张小朴、张琼椰、刘璐、程璇、吴龙飞
作品名称：城市非线性公园
所在院校：西安美术学院
指导老师：李喆

设计说明

　　非线性即变量之间的数学关系，不是直线而是曲线、曲面或不确定的属性，叫非线性。非线性是自然界复杂性的典型性质之一；与线性相比，非线性更接近客观事物性质本身，是量化研究认识复杂知识的重要方法之一；凡是能用非线性描述的关系，通称非线性关系。

　　非线性公园是城市未来发展下的趋势，在线性城市的发展下，城市公园是城市空间不可忽略的空间要素之一，非线性公园的产生对空间整合有着重要的作用，也会对未来城市化进程有着积极作用。

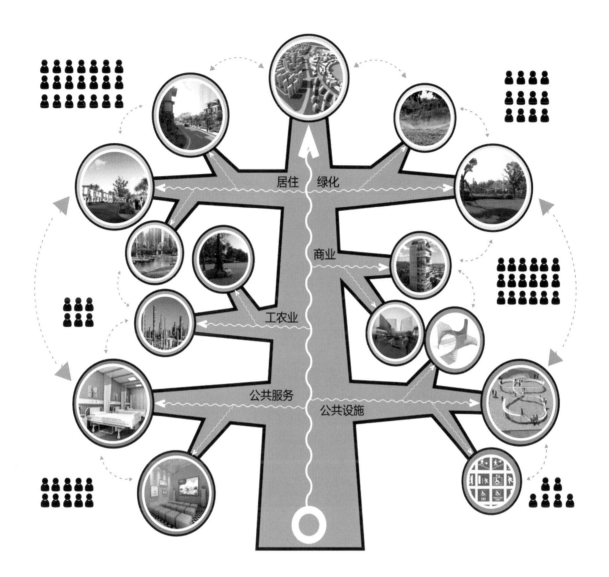

居住 绿化

商业

工农业

公共服务 公共设施

无序的动线分割

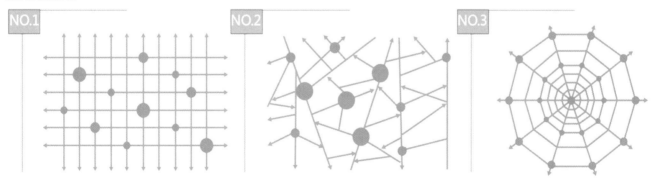

NO.1

NO.2

NO.3

无序纵横交错的动线在城市路网中方向指引性比较明确，交通比较便捷，有利于城市空间的转换。空间方向感比较强。

无序放射状的动线在城市路网适用于丘陵地带的动线布局，有利的解决了地形的自然问题，使交通更加便捷，城市空间的连续性更强。

无序网状的动线在城市发展中起到了很大的作用，在特大城市的发展过程中都使用这样空间延展方式，空间的通透性更强。

作 者：党林静 、王丹、王佳 、谭敏洁

作品名称：巷道空间设计探究

所在院校：西安美术学院

指导老师：刘晨晨

设计说明

　　中国传统民居群落的巷道尺度有着独特的民族环境审美文化，并承载着特有的民俗生活方式。同时在"丝绸之路"经济带的发展方针之下，我们所关注的传统民族文化交融之地"回坊"，体现了伊斯兰文化与汉文化的长期共融发展。我们的设计以人为本。以营造怡人巷道空间为目的；以伊斯兰文化和汉族文化的结合为文化脉络；以解决回坊主街的问题为依托；以光影为营造巷道感为手法；以八角纹为设计形式。最终完成我们对巷道空间的探究，从而更好保护好我们的传统的文化，更好地维护我们传统的巷道空间。并且形成了特有的建筑环境面貌。在研究传统巷道空间的基础上充分挖掘民族文化特质，打造西安著名回民街巷道空间的时代特征与当代艺术面貌。体现传承与创新的文化主题，同时对城市建设中的巷道空间等旧街区改造开发利用具有一定的推广价值。

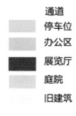

功能分区
SECTORIZATION

通道
停车位
办公区
展览厅
庭院
旧建筑

流线分析 IN-LINE ANNLYSIS

出口
次入口
主入口
车行流线
人员流线
游览流线
展馆新建筑
庭院
旧建筑

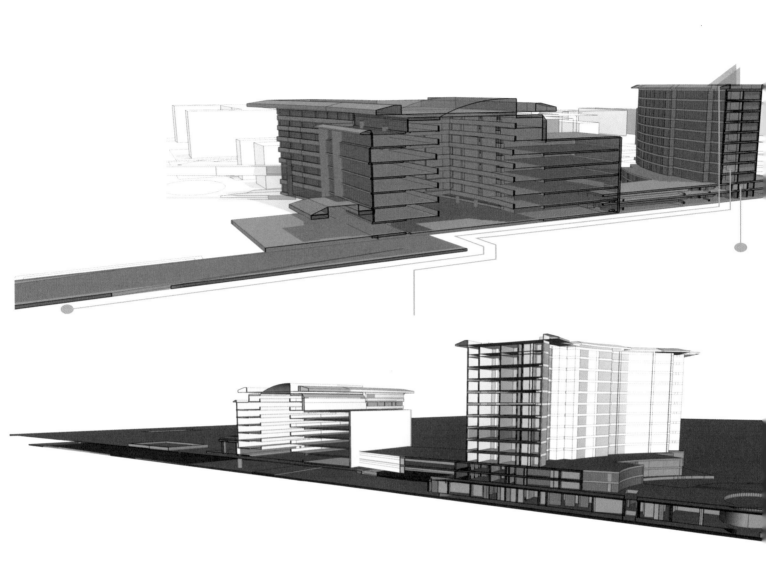

作　　者：樊煜、朱睿颖、李凯、张恒吉
作品名称：风空间探索
所在院校：西安美术学院
指导老师：孙鸣春、王娟

设计说明

　　本方案研究分析了风在城市各不同空间的流动及各种不同区域不同
形态的空间对风的影响，设计从城市、建筑、景观多个方面入手，较为
全面地探讨了风的变化。将空气与空间之间的关系做了认真的思考。

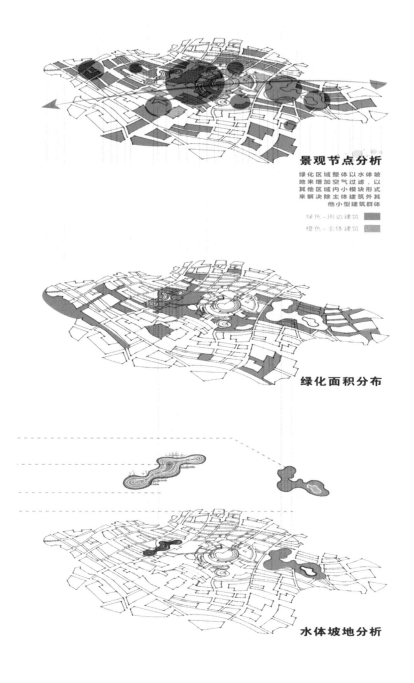

**景观节点分析**

绿化区域整体以水体坡
地来增加空气过滤，以
其他区域内小模块形式
来解决除主体建筑外其
他小型建筑群体

绿色—周边建筑

橙色—主体建筑

**绿化面积分布**

**水体坡地分析**

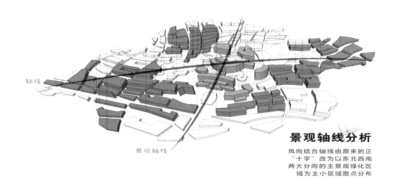

轴线

景观轴线

**景观轴线分析**

风向结合轴线由原来的正
"十字"改为以东北西南
两大分向的主景观绿化区
域为主小区域散点分布

作　　者：费凡、石厚波、袁露、王马兰
作品名称：激活．共生——自由旅行者栖息地设计
所在院校：西安美术学院
指导老师：孙鸣春、王娟

设计说明

　　本方案从宏观入手，逐步向微观推理使得我们对场地本身生态、人文、生物等方面的深入了解，这是本次设计的立足点，这一过程保证了选址的科学性。项目区域内以采石场矿坑为主，控制无种类较为贫瘠，因此在修复层面上主要采取边坡治理、植被恢复、生态治理等方法。

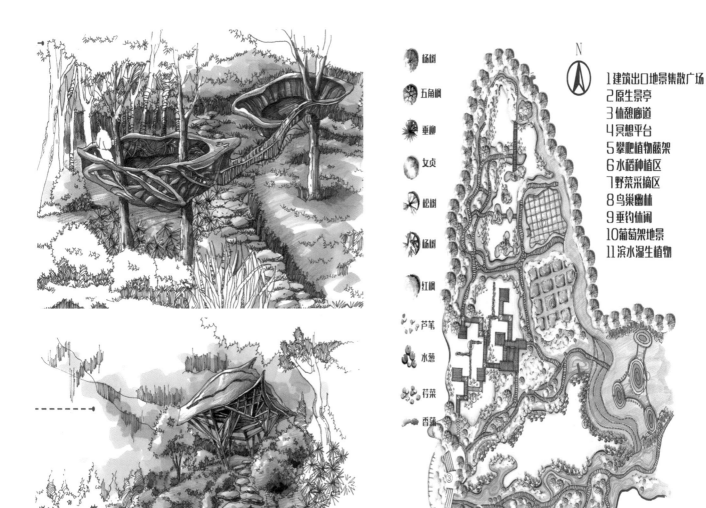

杨树

五角枫

垂柳

女贞

松树

杨树

红枫

芦苇

水葱

荇菜

香蒲

N

1 建筑出口地景集散广场
2 原生景亭
3 休憩廊道
4 冥想平台
5 攀爬植物藤架
6 水稻种植区
7 野菜采摘区
8 鸟巢幽林
9 垂钓休闲
10 葡萄架地景
11 滨水湿生植物

**湿地局部平面图1:500**

作　　者：刘江军、郭微、易丹、徐美娟、杜仁灏
作品名称：共鸣·交往
所在院校：西安美术学院
指导老师：华承军

设计说明

　　本方案充分利用自然资源，创建交往的空间和途径。加强人工与环境相结合，增强人与自然的亲密。恢复城市活力，增进人与环境，人与人之间的交流。

作　　者：刘竞雄、李枚、朱雪、张心瑶
作品名称：无界限探索——人与空间的耦合关系
所在院校：西安美术学院
指导老师：孙鸣春、王娟

设计说明

　　在不断发展的城市结构中，出现的不合理组织形式，成为阻碍城市及环境建设的绊脚石，完美的生活需要不断地改进与优化。我们通过研究国内外建筑无界限空间的背景及现如今在建筑无界限空间等方面取得的成果，从空间论的发展历史和关于空间结构的论述中找到空间秩序研究的重点及方向，以及从空间学的角度来证明优化空间和空间秩序研究对我们人类生活和行为的重要性。在空间的不同形态中感受人们的不同情感与行为逻辑，使空间优化达到最佳状态，从而达到人与空间的有机结合，成为生命共同体。

## 开敞空间中活动调研数据

人们在公共场合逗留的时间越长，
交流的越多，邂逅的频率也就越高。

- ● 站立
- ● 吸烟
- ● 聊天
- ● 晒太阳
- ● 散步
- ● 阅读
- ● 休闲
- ● 小坐
- ● 吃东西
- ● 倾听
- ● 观看
- ● 合计100%

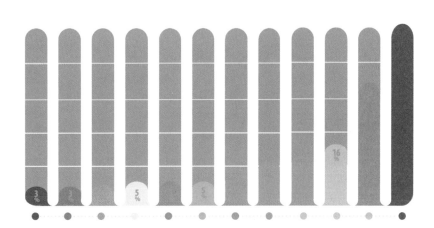

行为产生空间

简单的行为关系　　复杂的行为关系　　行为暗示

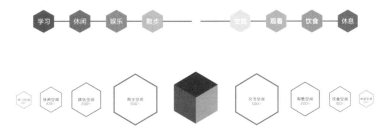

空间指导行为的产生

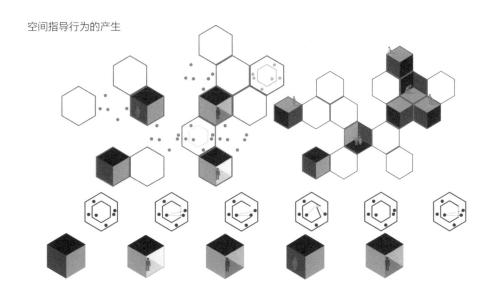

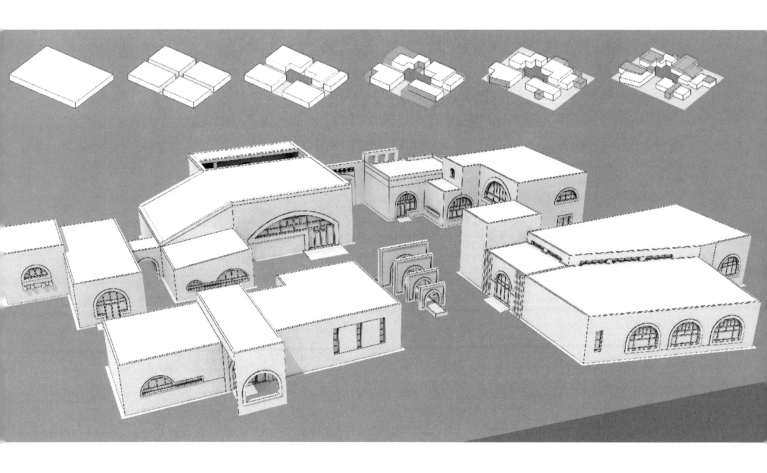

作　　者：田少飞、赵雄、薛琪、王璐
作品名称：叶落归根——神木窑居式老人社区人居环境研究
所在院校：西安美术学院
指导老师：李媛

设计说明

　　本方案追求传统窑居技术技艺符号的城市再生，以老年人人居环境
为对象和功能内核，致力于传统文化的当代再生。方案针对地域性老人
的生活场所设计，都围绕着"以人为本"的物质生活和"寻根"意识，
老年人身临其中能感觉到归属感，满足其建筑空间的实用性、舒适性、
安全性和耐久性，创造一个布局合理功能齐全环境优美的地域性场所。

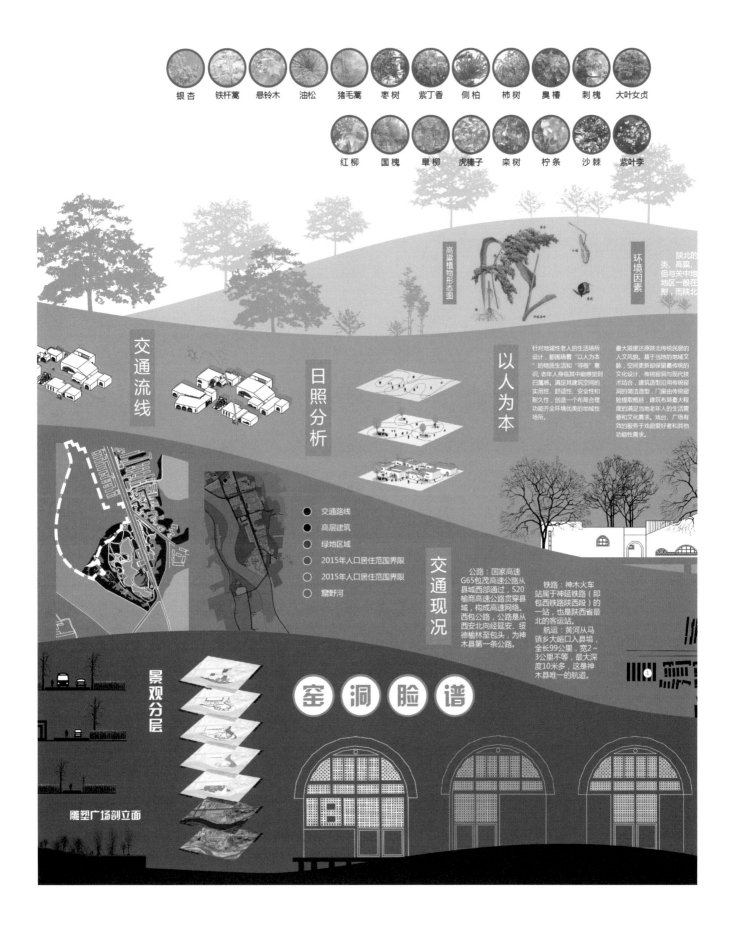

银杏　铁杆蒿　悬铃木　油松　猪毛蒿　枣树　紫丁香　侧柏　柿树　臭椿　刺槐　大叶女贞

红柳　国槐　旱柳　虎榛子　栾树　柠条　沙棘　紫叶李

高粱植物形态图

环境因素

陕北的
类、高粱、
但与关中地
地区一般在
割，而陕北

交通流线

日照分析

以人为本

针对地域性老人的生活场所设计，都围绕着"以人为本"的物质生活和"寻根"意识，老年人身临其中能感受到归属感，满足其建筑空间的实用性、舒适性、安全性和耐久性，创造一个布局合理功能齐全环境优美的地域性场所。

最大限度还原陕北传统民居的人文风貌。基于当地的地域文脉，空间更新却保留最传统的文化设计，传统窑洞与现代技术结合，建筑造型沿用传统窑洞的简洁造型，门窗由传统窑脸型提取概括，建筑布局最大程度的满足当地老年人的生活需要和文化需求。戏台、广场有效的服务于戏曲爱好者和其他功能性需求。

○ 交通路线
○ 高层建筑
○ 绿地区域
○ 2015年人口居住范围界限
○ 2015年人口居住范围界限
○ 窟野河

交通现况

公路：国家高速G65包茂高速公路从县域西部通过，S20榆商高速公路贯穿县域，构成高速网络。西包公路，公路是从西安北向经延安、绥德榆林至包头，为神木县第一条公路。

铁路：神木火车站属于神延铁路（即包西铁路陕西段）的一站，也是陕西省最北的客运站。

航运：黄河从马镇乡大峪口入县境，全长99公里，宽2～3公里不等，最大深度10米多，这是神木县唯一的航道。

景观分层

窑 洞 脸 谱

雕塑广场剖立面

作　　者：魏晓萌、陈伟、潘晓玲、蒋瑞琴

作品名称：城市的背面——青知蚁族生存空间探究

所在院校：西安美术学院

指导老师：孙鸣春　王娟

设计说明

　　本方案的这个研究方向最初来源于我们同为大学生，也即将面临毕业后与青知"蚁族"的处境深有同感，在此基础上，设计团队希望能够构建出一个合理的、适宜的、易于青知"蚁族"身心健康的人性化居住环境。

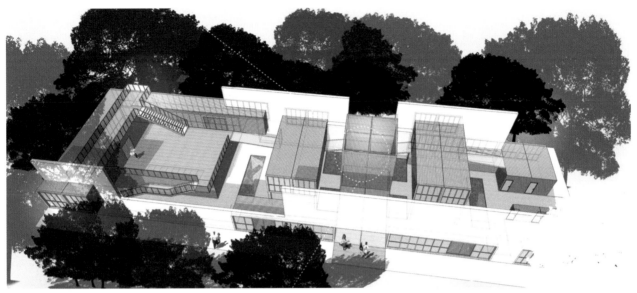

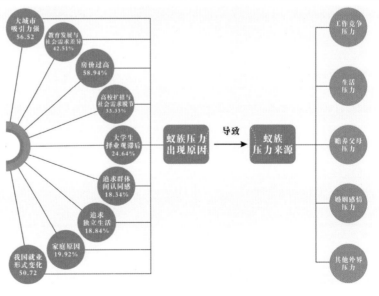

作　　者：杨慧、陈瑞瑞、谢智锦
作品名称：河？——探索当代水系在城市中的新角色设计
所在院校：西安美术学院
指导老师：海维平

设计说明

　　灵感来源：由拉链结构的咬合关系，联想到环境的再整合。

　　设计理念：区域内环境再整合，将拉链的灵感意向运用于分割的景观设计中，在管理和治理流域生态环境的前提之下，设计在外形上不求形似，但在实际意义及目的上，力求达到拉链的聚集人流量、商业、娱乐驻扎的商业目的，从而带动整个区域内生态以及经济的复苏。借由"拉链"的设计意向，结合浐河基地的现状交通以及居民需求，规划理想交通状况，逐渐形成联合两岸的长期目标中的一个过渡枢纽站。

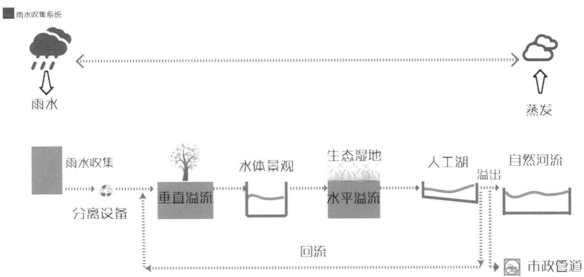

雨水收集系统

雨水

蒸发

雨水收集

分离设备

垂直溢流

水体景观

生态湿地
水平溢流

人工湖

溢出

自然河流

回流

市政管道

作　　者：朱熙、陈德贺、王靓、郭境新
作品名称：衍——秦岭丰裕口养生聚落设计
所在院校：西安美术学院
指导老师：濮苏卫、周靓

设计说明

　　"衍"的课题意义在于将建筑及景观等人为构筑物与秦岭北麓丰裕口独特的自然环境融合寻找与自然山水相契合的构筑形态。我们希望可以将建筑与景观与自然环境在根目录上进行结合，使建筑可以生长、演变、发展，使其具有生命。进而打造"营造行走云水间，云自无心水自闲"的养生聚落。

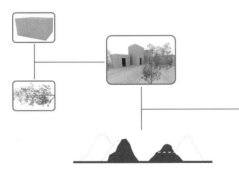

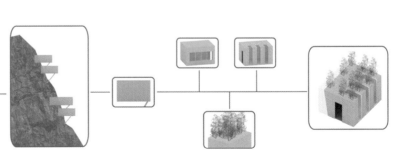

作　　者：虎良珊、李书坤、柯亚峰、杨睿
作品名称：楚雄禄丰城市形象设计
所在院校：云南艺术学院
指导老师：杨春锁

设计说明

　　一条主线——"茶马古道"贯穿于整个"彝人古镇"，两个片区——
"茶马互市"和"彝人生活"，三个节点——"十月太阳历"、"茶马
古道广场""火把广场"，四个文化形象定位：生态城镇、民族城镇、
文化城镇、体验城镇。

滨河商业文化区
香醋文化区 ▬
打铁文化区 ▬
餐饮休闲区 ▬

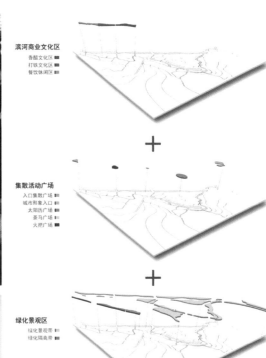

＋

集散活动广场
入口集散广场 ▬
城市形象入口 ▬
太阳历广场 ▬
茶马广场 ▬
火把广场 ▬

＋

绿化景观区
绿化景观带 ▬
绿化隔离带 ▬

＋

商业文化体验区
制盐体验区 ▬
刺绣体验区 ▮
陶瓷体验区 ▬
酿酒体验区 ▬
卓器体验区 ▬

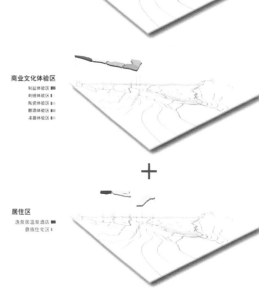

＋

居住区
逸泉居温泉酒店 ▬
彝族住宅区 ▮

＋

禄丰恐龙文化区
恐龙文化公园 ▮

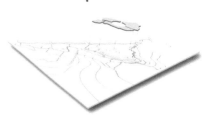

作　　者：保天龙、孙晓晨、陆珍珍、王奇、周梦楠
作品名称：疆城傣语——西双版纳曼朗寨旅游概念规划设计
所在院校：云南艺术学院
指导老师：杨春锁

设计说明

　　西双版纳曼朗傣族村寨充满着浓厚的民俗风情，古香古色的民族
特色文化，该村寨中保留着傣族传统的手工艺；我们坚持保护性开发的
原则，保留特有的手工艺，让人们亲身体验傣族文化，并完善傣族民居
现存的不足与弊端。

主入口
主干道
次干道
佛寺
慕心
住宅区
spa会馆
亲水平台
禅文化区域

作　　者：甘昕、张一凡、甄琳、桑福楠
作品名称：昆明世博园区文化提升改造方案设计——街里街坊
所在院校：云南艺术学院
指导老师：杨春锁

设计说明

　　本方案是对昆明世博园区进行文化提升改造设计，项目定位——昆明历史文化商业街区、文化定位——老昆明生活文化、形象定位——老昆明新生活、消费定位——主体性、目的性特色消费。

　　街里街坊项目力求打造昆明的文化名片，重组昆明传统街巷、再现老昆明生活情境，寻求历史文化街区与现代商业成功结合的经营模式，以"昆明生活精神"为线索，在重现昆明传统街巷的基础上，形成汇聚街面民俗生活体验、高档餐饮、特色小吃、民间工艺、宅院酒店、娱乐休闲、特色策展、情景再现等业态的"街巷情景消费街区"和"昆明城市怀旧旅游的人文游憩中心"。

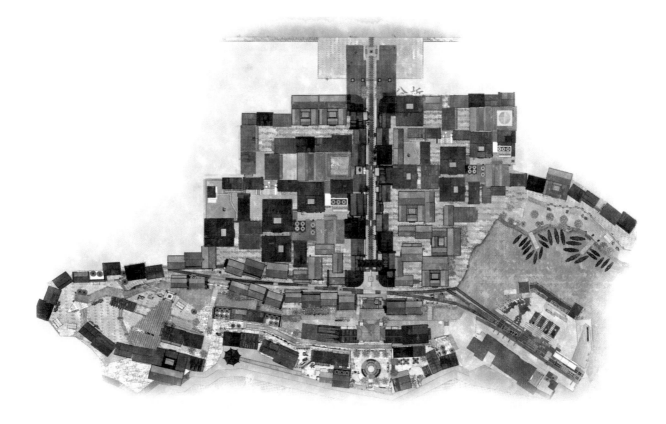

作　　者：李磊、张腾、罗静静
作品名称：喜洲古镇旅游概念规划设计方案
所在院校：云南艺术学院
指导老师：杨春锁

设计说明

　　根据白族民居建筑带来的幸福生活设计，喜洲古镇旅游的入口接待空间，接待区以喜洲三方一照壁，典型喜洲民居形式表现，直观展示白族建筑文化。周边的景观设计是从白族建筑元素中提炼再设计所得，给人白族建筑的第一印象。

作　　者：喻俊铭、吴优、温连单、蔡明红

作品名称：彝印方城

所在院校：云南艺术学院

指导老师：杨春锁

设计说明

本案例主要利用彝族古老的阶级文化，在商业古镇布局上以兹、莫、毕、格、卓（五个阶级）与当地彝族信仰土主（密西）及它们各自所代表的阶级文化来指导总体布局。

整个规划片区分为三种类型，即特色手工艺体验区，市井特色餐饮区，阶级文化展示区（购物街区、餐饮街区、休闲文化街区）。

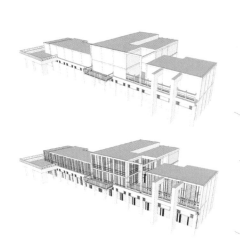

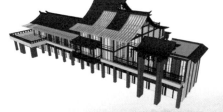

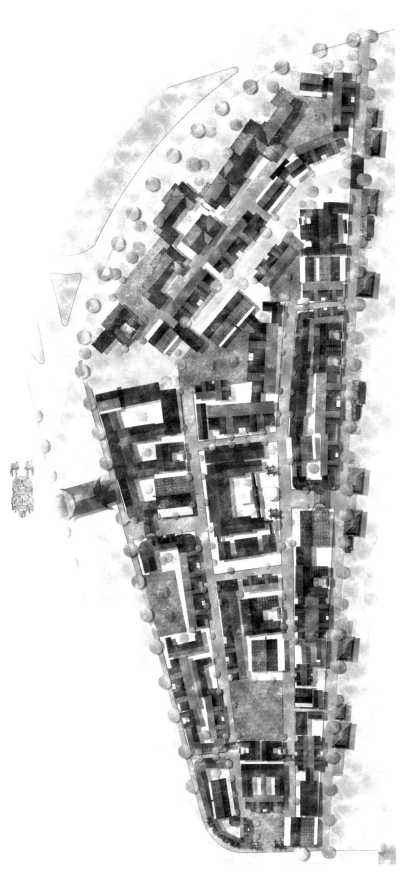

作　　　者：袁会宁、杨辅、臧月浩、符龙
作品名称：云南华宁陶文化产业创意园区景观规划设计——薄暮里主题酒店
所在院校：云南艺术学院
指导老师：杨霞、谷永丽、王睿、李卫兵

设计说明

　　依托华宁陶产业优势及"十二五"规划，规划建设"华宁县陶文化产业创意园区"，其中薄暮里主题酒店以简洁的几何形体为主要元素，是文化与酒店、风土人情与酒店、城市特色与酒店的融合。薄暮里主题酒店景观设计应当具有更加有特色，更加有感染力的服务，是文化与服务的相互交集。

1 建筑平面示意图
■ 博物馆主体建筑
■ 博物馆辅助性建筑
■ 商业街主体建筑
■ 商业街周边景观小品及建筑
■ 酒店主体建筑
■ 酒店景观建筑
■ 陶艺产业园区建筑
■ 陶艺产业园区辅助性建筑

2 车行流线示意图
■ 园区内主要路线
■ 园区内主要停车区域

3 绿化植被示意图
■ 规则树列分布区域
■ 散种植被分布区域
■ 开花树种分布区域

作　　者：韩雅芳、虢宣驿、杨舒涵、马远超

作品名称：云南华宁陶文化产业创意园区景观规划设计——阡熙巷商业街

所在院校：云南艺术学院

指导老师：杨霞、谷永丽 、王睿、李卫兵

设计说明

　　近年来，华宁陶瓷产业的发展成绩不俗，出台了一系列政策措施，欲发力打造"千年陶都"。依托华宁陶产业优势及"十二五"规划，建设"华宁县陶文化产业创意园区"，园区将一次规划，分步实施。总规划面积约 8.67 公顷，阡熙巷商业街是产业园区一个功能区。

　　"阡熙巷"取熙熙囔囔，热闹、繁忙、市井之意。阡熙巷以陶为主题，包括特色工艺品购物区、餐饮休闲空间、综合购物、休闲景观区、特产购物区以及民族文化、地域文化相结合。该区域规划了广场、餐厅、商店、景观水系等，为游客以及当地居民提供了假日休闲、旅游观光等宜人空间。

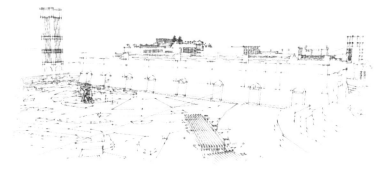
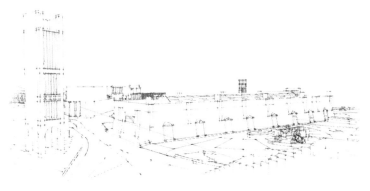

作　　者：黄青山、杨青波、张跃远
作品名称：中和旅游特色小镇总体规划——灵美赛装
所在院校：云南艺术学院
指导老师：杨春锁、彭谌

设计说明

　　以一年一度"中国直苴彝族赛装节"为契机，做好赛装和彝绣两大彝族
文化品牌，打造"中国彝绣之乡"和"中国乡村彝族赛装大舞台"。

　　在城镇中心区建设赛装大舞台，充分展示"中国彝绣之乡"彝绣和彝族
歌舞文化，使游客除一年一度（正月十五）体验原生态"中国直苴彝族赛装
节"外，在中和也能体验"天天赛装节，夜夜歌舞声"。作为"楚雄彝州最
大的歌舞盛宴"进行推出，充分彰显中和彝族文化特色。

作　　者：付颖洁、李继华、李潇宇
作品名称：中和特色旅游小镇规划设计方案——茶马文化体验街区
所在院校：云南艺术学院
指导老师：杨春锁、彭谌

设计说明

　　以中和村国家级传统村落风貌街区、夏家大院、茶马古道等文物古迹为依托，整合历史文化资源，突出中和村历史文化特色，为中和旅游打品牌，力争成为省级历史文化名镇。

　　（1）提升改造中和村国家级传统村落风貌街区及传统街巷空间。

　　（2）保护和修缮夏家大院、夏氏故居及中心街巷等历史风貌建筑和主要传统街区。

　　（3）修缮城北茶马古驿道及风雨桥，建设茶马文化广场和茶马文化园。

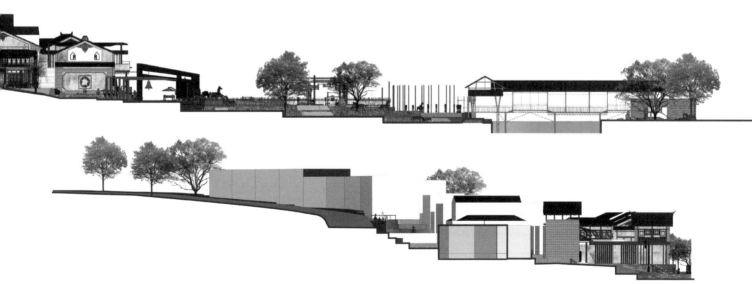

作　　者：黄细根、李继华、李潇宇、付颖洁

作品名称：中和特色旅游小镇规划设计方案——茶马驿道文化展示区

所在院校：云南艺术学院

指导老师：杨春锁、彭谌

设计说明

　　中和老街历史悠久，沿街建筑保存完好，老街外拥有一条180多年历史
的古驿路，本案重在保护老街原有风貌，营造中和清光绪年间方圆上百里内
村寨处处连通，驿道桥梁纵横交错，四方商客纷至云集鼎盛繁华的景象。

室内类

Indoor

作　　者：马旭、张芸燕
作品名称：小时代——青年专属微居室设计
所在院校：四川美术学院
指导老师：龙国跃

设计说明

　　我们的设计方案总体概念，是给刚毕业的大学生、青年人群提供舒适且自由的生活居住的空间，让人们有专属的私人空间。我们研究构想的建筑空间体量较轻盈，可悬挑构建于两楼之间，挑空的设计可以节省不少占地面积。而建筑外部有质感的肌理是可以吸收太阳能的存电薄膜，节省能源的同时更加环保。居住空间内部的不同功能的家具都可以自由地移动或变化，打开或收起，提高空间的利用率，在有限的居住空间内创造出无限的可能。在室内实际面积只有 25 平方米的情况下，合理地处理空间关系，利用家具的可收纳，重组的方式，最大化节约空间使用面积，已达到针对人群空间使用功能的完善并且得以更加舒适的居住环境。

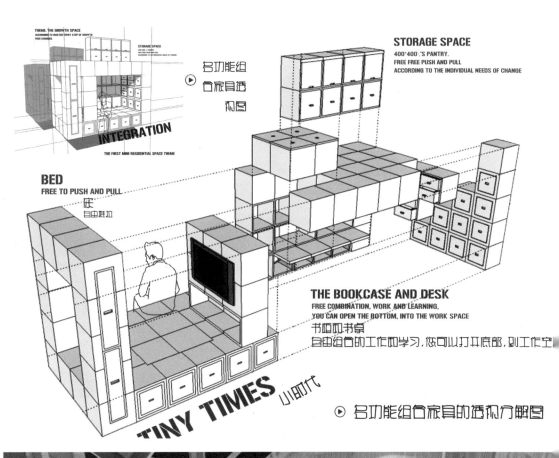

**THEME. THE GROWTH SPACE**
ACCORDING TO MASTER EVERY STEP OF GROWTH
FREE CHANGES

**STORAGE SPACE**
400*400 'S PANTRY.
FREE FREE PUSH AND PULL
ACCORDING TO THE INDIVIDUAL NEEDS OF CHANGE

名功能组
合家具透
视图

**STORAGE SPACE**
400*400 'S PANTRY.
FREE FREE PUSH AND PULL
ACCORDING TO THE INDIVIDUAL NEEDS OF CHANGE

**INTEGRATION**

THE FIRST MINI RESIDENTIAL SPACE THEME

**BED**
FREE TO PUSH AND PULL

床
自由推拉

**THE BOOKCASE AND DESK**
FREE COMBINATION, WORK AND LEARNING,
YOU CAN OPEN THE BOTTOM, INTO THE WORK SPACE

书柜和书桌
自由组合的工作和学习,您可以打开底部,到工作空间

**TINY TIMES** 小时代

▶ 名功能组合家具的透视分解图

作　　者：王冉、彭程、梁轩

作品名称：蜀韵·乡愁——中国银行重庆私人银行中心室内设计

所在院校：四川美术学院

指导老师：龙国跃

设计说明

　　中国银行重庆私人银行中心室内设计在设计中融入了重庆本地文化，将两江环抱、财汇中行、大足石刻、巴渝十二景、重庆十七门等重庆地域文化元素融入其中，表达出对老重庆的浓浓乡愁。

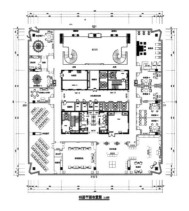

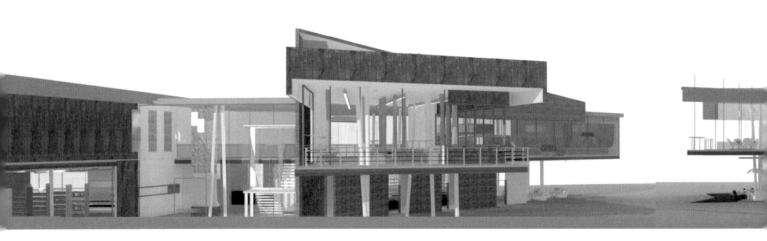

作　　者：周楠、辛有文
作品名称："萌芽"现代都市小型图书馆
所在院校：四川美术学院
指导老师：龙国跃

设计说明

　　弱化传统图书馆给予人们的印象，增加图书馆的趣味性和观赏性。从空间功能入手，研究其本身传统的各个功能，打破单一的图书馆功能布局形式，多角度的分析新兴功能的必要性，提升图书馆自身的吸引力。将节能绿化带入室内，强调图书馆内部的舒适性。从室内设计上改变人们对书图书馆的固有看法，让人们接受图书馆的娱乐性和丰富性，使人们主动地在其消费，侧面地丰富了人们的知识文化，从而潜移默化地改变人们的思想乃至人们价值观的变革。

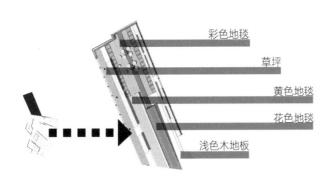

彩色地毯

草坪

黄色地毯

花色地毯

浅色木地板

作　　者：黄秋菊、张雅坤
作品名称：CURE "现代病" 主题餐厅
所在院校：四川美术学院
指导老师：龙国跃

设计说明

　　把"现代病"的某些主要特征融入餐饮空间设计上，意义在于达到让就餐者有着一种新鲜的体验感，将现代科技特色应用到餐厅的各功能区内，与此同时，注入互联、绿色、环保共生的设计理念，在具备自己基本功能，满足人们要求的同时去引导或者启发用餐者，对"现代病"的重视。从而引起用餐者的共鸣、重视、自醒，从自身出发解决这一个问题。

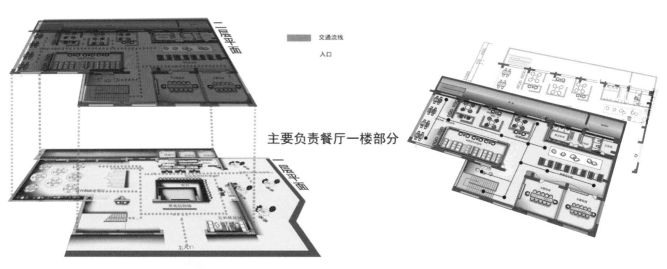

交通流线

入口

主要负责餐厅一楼部分

作　　者：黎雪怡、李书苑

作品名称：被时光掩埋的秘密——816军工遗址室内设计

所在院校：四川美术学院

指导老师：许亮

设计说明

此次设计的重点是在于融合在老建筑"旧"身上做出"新"创造，既保留了原有建筑空间的独特性，又有新活力。我们将整个方案的重中之重落脚于空间布局上。在设计上，我希望灵活地处理原有规则呆板的空间分布。把整个空间划分四大部分，以"体验"单元植入不同的功能。在第一部分便是下沉式空间，把下沉式空间打造成一个波光粼粼的水上咖啡吧，能够让人们以一种触摸的形式与空间互动。其二，岸上休息区，整个区域，除却空间的下沉部分，呈现一个"凹"形的空间，在这个"凹"形的空间左右两边都增加了各以不同形式的观望台，能够让人们在不同的地理位置，以观看的形式体验整个空间。最后，在这个呆板的空间里

面，进行合理分割布局，单独设置图书阅览空间，让人们能够回味历史，品读岁月，以这种阅读的方式来体验老建筑文化的再生。

以体验的形式作为贯穿整个设计的引导，在尊重原建筑"旧"本质的基础上，以一种新的手段注入"新"空间改造够促使这座老建筑重新焕发出新的生命力。而体验这个主题是以当下不同类型人群作为出发点，老一辈需要回忆过去，中年人需要释放压力，青年人需要活力、刺激、学习以及感悟。每一类人群都有着自身不同的需求，而"体验"这个主题便是为此而设定的。

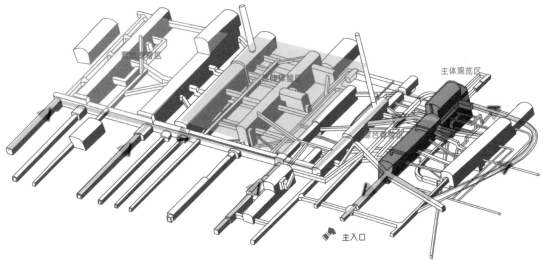

作　　者：吴茜
作品名称：脉·洞——历史遗迹之重庆东水门防空洞改造
所在院校：四川美术学院
指导老师：张倩

设计说明

　　"脉"代表重庆历史文脉，"洞"即是防空洞，主题所要表达的是将传承重庆历史文脉依附于改造防空洞这一形式上，将两者有机结合。

　　从地图上看，在两江交汇环绕的中心地带，关于重庆防空洞最具代表性的三个地方是上清寺、长滨路以及东水门。这三个地方在文化广度上覆盖了渝中区的中心地带，也是老重庆人文精神集中体现的地方。从文化深度上分析，这三个地方各自有它们的体现。上清寺的老城记忆、长滨路的码头文化、东水门的湖广填四川，这三者在无形中形成了一条文化脉络。

　　而最终将选址定在东水门，是想把临近的湖广会馆所展示的湖广填四川这一重大历史事件带来的历史文化作为一个线索，不仅在功能上对湖广会馆这一旅游地点在功能上进行补充和完善，也使湖广地区的传统文化与重庆最具特色历史遗迹之一的防空洞相结合，实现一种文化的交融。

　　在空间功能性质定位上决定将其改造成茶馆，灵感来源于重庆的交通茶馆，因为它的即将逝去不仅会给人们带来很多遗憾，也是老重庆人文的一种遗失。所以，茶馆的定位也是想在一定程度上唤起人们对重庆老茶馆的情怀。

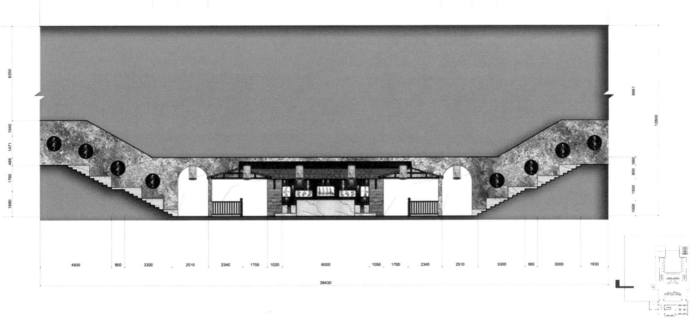

作　　者：张懿
作品名称：集装箱再利用——青年"互动式"空间设计
所在院校：四川美术学院
指导老师：张倩

设计说明

　　青年"互动式"空间，为青年提供一个学习、休闲、体验的相互认识、相互交流的平台；设计中其功能
设施有住宿区、休闲区、商业区、工作室以及户外活动平台。其主要消费人群为青年，因其青年刚步入社会，
经济能力较弱，空间主要利用废弃的集装箱，能够为其提供较便宜的住宿、创业工作室以及相关的生活配套
设施。

　　随着社会的进步和经济的发展，越来越多的人更加关注青年，并且针对青年人经济能力薄弱的这个问题，
因此，我本次设计选题为集装箱再利用——青年"互动式"空间设计（青年活动空间设计）。

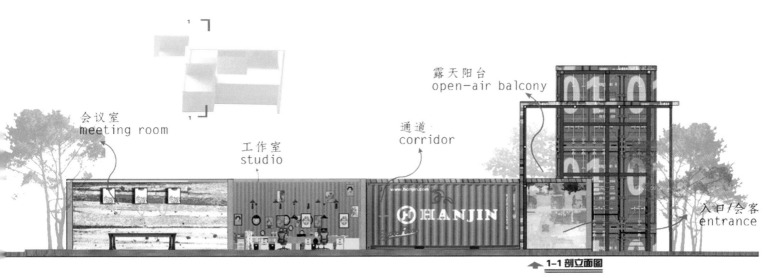

会议室
meeting room

工作室
studio

通道
corridor

露天阳台
open-air balcony

入口/会客
entrance

1-1 剖立面图

作　　者：陈义良、刘知非
作品名称：汉字之光——汉字文化展示中心设计
所在院校：四川美术学院
指导老师：龙国跃

设计说明

　　汉字是我国的文化瑰宝，它承载了我国历经五千年洗刷、沉淀下来的历史文明。由于汉字独特的造型特点和艺术价值，现代设计中，越来越开始重视和研究汉字在设计方面的价值。例如，在展示空间中，利用汉字来进行设计，打造具有浓郁的汉字文化氛围的汉字文化展示中心。

　　本方案的每个空间内，都加入了汉字元素。例如：一层空间中，进厅的形象墙，使用了凹凸不平的汉字雕版；在过渡区中，在大小不一的方格中设置偏旁部首，并且设计了一处水景，用横置的半个汉字，与其在水中的倒影共同组成一个完整的汉字；在秦汉展区中，用篆刻艺术装饰每一个展柜；在魏晋南北朝展区中，用书法卷轴装饰空间；二层的空间中，印刷术展区内，用活字印刷的活字方块打造展柜；唐宋展区内，用展柜和室内构筑物的组合，组成"问"字造型；在明清展区内，用汉字与家具相结合来设计展柜；在现代汉字与生活展区内，用汉字镂空并对称翻折，打造墙面造型；等等的方法，将汉字元素在展示空间内运用得淋漓尽致。

　　除了汉字元素之外，还将我国的其他一些传统文化元素融入设计中。例如：色彩、材质、空间布局、装饰图案等。诸多元素相结合，打造一个氛围浓郁的汉字文化展示中心。

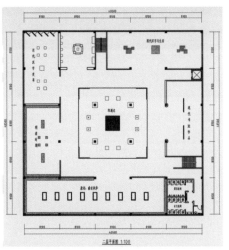

作　　者：曾欢欢、王雪琦
作品名称：拆分与重组——现代美术馆的设计与研究
所在院校：四川美术学院
指导老师：龙国跃

设计说明

　　通过乐高玩具式可以自由拆分与重组的单元模块构成建筑外形及建筑内部，从而根据所展示物品的大小
变化更换建筑比例，实现容纳空间的多变性。同时，运用新型环保材料，轻便可拆卸，不受时间及地点的局限，
可以更好地利用材料和空间。在我们所畅想的拆分与重组建筑中，我们更希望多运用绿色设计的概念，把环
保的、可循环的材料充分地运用到我们的设计中，从而传递绿色设计、低碳生活的这样一种设计理念。

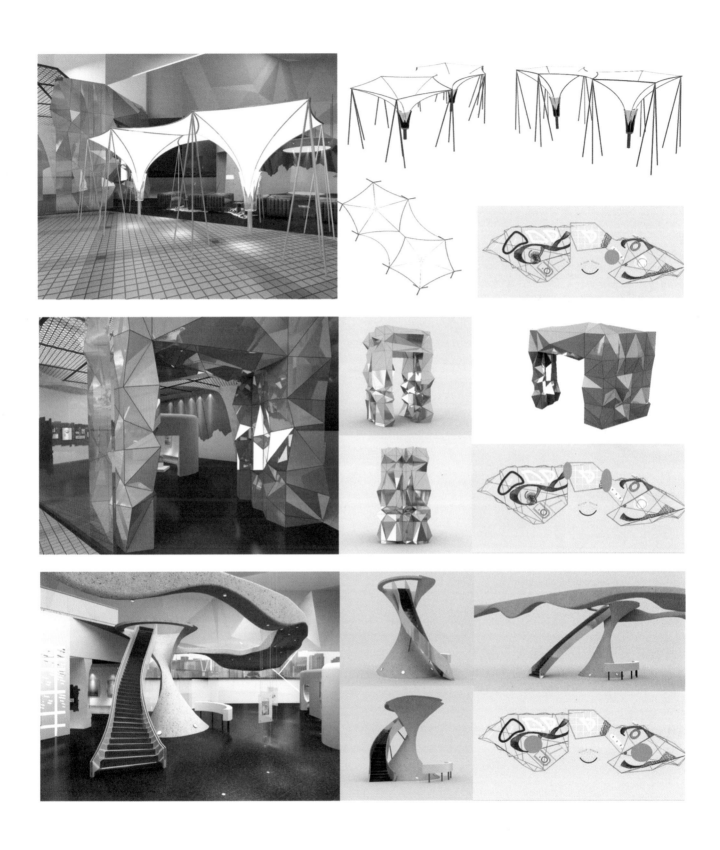

作　　者：吴东燕、申思
作品名称：重筑
所在院校：四川美术学院
指导老师：许亮

设计说明

　　我们的设计对象是在国家和城市发展过程当中越来越不可忽视的巨大群体——农民工。他们以每年数以百万的基数迅速壮大着，可是不论是在生活、学习等方方面面都显示出了与城市人生活水准的差距，更甚者遭到了歧视和不满。希望通过这样专门为他们设计的方案能够让他们用自己的方式和特色生活在这样一个形形色色的社会当中。

　　临时工棚的用途就是临时设施，就是工人临时宿舍，用于某项目工程或某项事务工人的临时住处。我们的设计初衷和选题理由就是为广大的农民工在现有工棚的基础上为他们设计一个全新的生活空间。我们对于这个

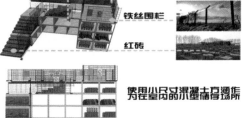

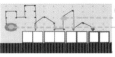

空间，并非凭空捏造出一个农民工生存的理想空间，不是机械地向城市的高生活品质靠拢，而是在现有的农民工彩钢工棚的生产模数的基础上，最大限度地利用建筑工地的废旧材料重新进行二次利用和组装进行的设计。

主要的设计理念是从生态与解决农民工问题角度出发。利用工地废物，以及最环保、低价的材料做成可循环、易拆卸的建筑与空间，同时具有功能性、现代感、艺术感。

我们设计的是不仅仅是一个工棚，更是一种模式，不仅仅满足了基本生活的需求，而是精神生活的塑造。

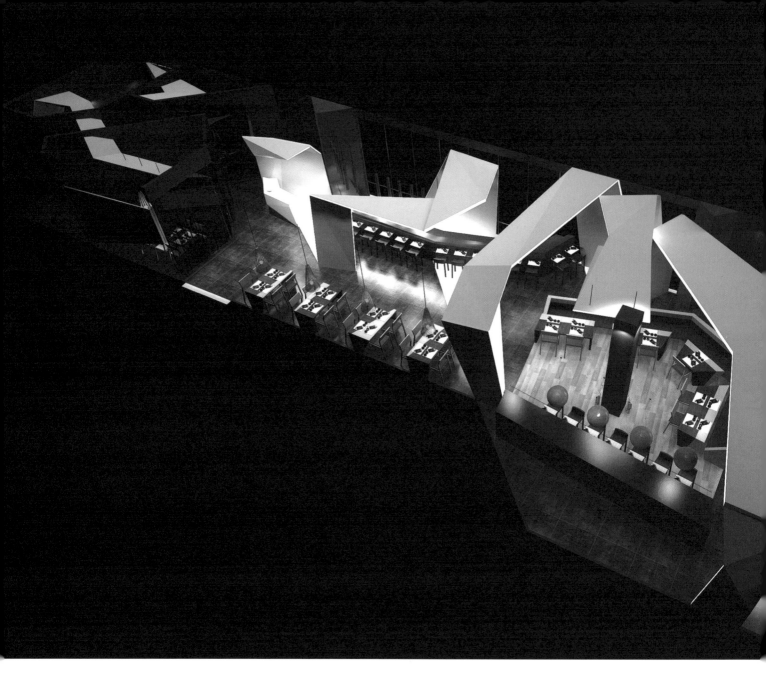

作　　者：韦卓秀、朱晓旭
作品名称：蜿蜓
所在院校：广西艺术学院建筑艺术学院
指导老师：韦自力

设计说明

　　赋有穿越气息的白色"丝带"与传统的灰色空间融合在一起，让餐厅显得简约大方又不失现代感，桌椅棱角分明的造型和餐厅的整体相得益彰。使用木片、竹编等工艺制作的镂空造型加上大量的筒灯，使装饰感变得更强；采用暖黄的光，使餐厅的整体感官更为柔和又不失时尚感。

　　功能性、观赏性这两者的融会贯通，既合二为一又有本质区别。这样的不合与合使得用餐顾客的良性需求下变的尤为美好。

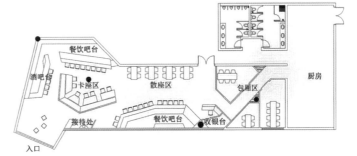

▲ 餐厅平面布置图

▲ 餐厅立面图

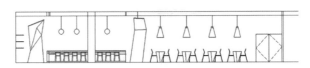

▲ 餐厅立面图

作　　者：叶兆林、汪晓婧、杨文娟
作品名称：土泥·间
所在院校：广西艺术学院建筑艺术学院
指导老师：韦自力、翁犁

设计说明　　　　　大学生活动中心是为活跃校园文化，增进文化交流，改善校园环境，满足大学生日益增长的精神需求而拟建的高品位、高质量、综合性建筑，以满足现代学生文化活动和学术交流的需求。

　　　　本设计为拟建大学生活动中心主体二层，设计包括舞蹈室、摄影室、休闲娱乐区、书吧、社团活动室等。

　　　　本方案体现了一种既富有生动灵活性，又极具校园文化品质的特点，方案造型简洁、大方，显得宁静、优雅而又不失动感。在造型外观上我们将建筑与自然相融合，互相包容；在室内造型上我们运用充满活力的色彩体现出学生朝气蓬勃的形象，并通过对木纹的利用将其与自然元素相融合。

　　　　大学生活动中心是为活跃和丰富大学生的文化生活、陶冶大学生的情、培养大学生的创造力和想象力，使大学生在学校的生活更加丰富多彩，个人的爱好得到更好的发挥。因此，活动中心的设计不仅反映了高等学府教书育人的文化气息和优雅的环境，而且体现了个性化时代大学生追求个性的时代精神。

　　　　大学生活动中心是进行高品质文化生活的重要场所，是大学生参与各项校园活动和进行交流的地方。方案造型表达了当代大学生的高尚人格和优雅的内涵以及追求个性的特点。

作　　者：叶海南、秦孙辉、陈东栋

作品名称：简·阅 文化体验中心

所在院校：广西艺术学院建筑艺术学院

指导老师：韦自力、翁犁

设计说明

　　"ERS"是"Easy reading space"的缩写，意为使人感到放松的阅读体验中心。

　　自然、现代科技的融合与碰撞体现在新型的文化体验中心中。新型的文化体验中心将自然的建筑材质运用到室内的装饰部分，新颖的外形加上互动式体验相互融合，使传统的图书阅读场馆焕发新的生机。

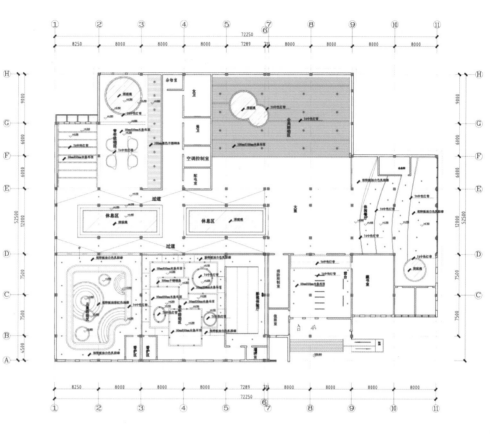

作　　者：李航、梁雨
作品名称：愈合
所在院校：广西艺术学院建筑艺术学院
指导老师：黄嵩、陈罡

设计说明

　　构思的出发点和目的：由于对南宁老城有着深厚情感，为此做这老建筑空间设计改造，想为这个老城文化和历史得以延续和发展。

　　意义：在城市化的趋势下，位于南宁市中山路老城区的建筑风貌逐渐发生了变化，中山路的美食文化越来越受到人们喜爱，但是环境却越加恶劣，很多老建筑损坏越加严重，老城历史风貌的保护受到严重的威胁，为此我们为老城建筑的再生进行项目改造和保护，以激活中山路的活力与保留南宁中山路的文化为目的，打造一个中山路商业及文化展示为一体的中山路美食文化馆。

作　　者：黄河、陈萍、曾晓茜

作品名称：融合现代与传统的平衡

所在院校：广西艺术学院建筑艺术学院

指导老师：黄嵩、陈罡

设计说明

　　该项目位于广西横县六景，在这样特殊的地理位置和文脉背景下，我们的总体思想是将新箭镞和传统侗族建筑相融合，发扬和传承侗族建筑传统，努力建立一种现代和传统之间的平衡。

　　建筑采用钢架玻璃结构，将地域文化、现代设计以及材料相结合，营造出通透开放的空间，建筑的形式和立面设计，通过对比比例、形体关系、色彩和材料等控制，在保持侗族传统建筑形势下融入现代主义建筑元素，使基地自然景观受到最小影响，使新建筑有焕然一新的形式。

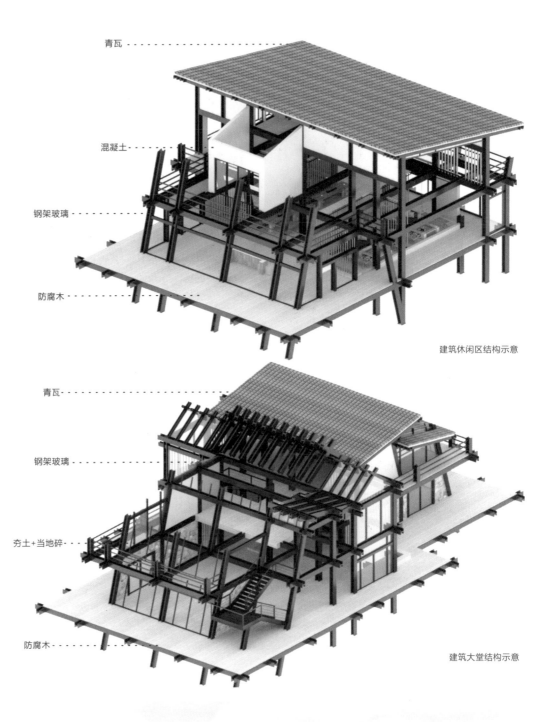

青瓦

混凝土

钢架玻璃

防腐木

建筑休闲区结构示意

青瓦

钢架玻璃

夯土+当地碎

防腐木

建筑大堂结构示意

作　　者：刘小梅
作品名称：COMMUNICATION——变形宿舍
所在院校：广西艺术学院建筑艺术学院
指导老师：黄嵩、陈罡

设计说明

　　本设计的设计灵感来源于蜂窝，运用蜂窝的形状进行叠加和融合形成了美观而坚固的蜂窝状宿舍，也寓意着住在里面的学生像蜜蜂一样勤劳。

　　以未来大学宿舍为主题，通过对宿舍内部的变形，解决了宿舍空间的局限和功能的单一，方便学生在课外时间的互动与交流。

作　　者：魏国祥、黄瑶
作品名称："溶岩"
所在院校：广西艺术学院建筑艺术学院
指导老师：黄嵩、肖彬

设计说明

　　"溶岩"酒店的设计灵感来源于闻名世界的桂林溶洞。

　　"溶岩"的设计给人带来众多的体验要素：山石、溪水、植物、山间的阳光……再现真正的溶洞风貌，并通过多元化的表现手法再现自然景观。

　　同时加入"一日四季"这个概念，创建了一个每隔3小时变换一个"季节"的空间，让人感受到无限的舒适和新奇感，仿佛进入了另一个异域空间。

作　　者：黄惠善
作品名称：草立方
所在院校：广西艺术学院建筑艺术学院
指导老师：韦自力

设计说明

　　传统文化契合现代的生活方式，让传统文化在现代的环境中得以延续，使传统文化得到进一步的更新并
与时俱进。本设计旨在考虑人与环境、人与自然之间的关系，在满足使用功能上的基础上，体现历史与人文
的精髓，使人文资源可持续发展，同时在人文环境当中把绿色的元素融入室内空间，形成小气候，"草立方"
的目的就是要让自然环境与人居环境得以很好地联系在一起。

Dining space

作　　者：王雪、王珊珊、胡丽娜
作品名称：独食
所在院校：四川音乐学院
指导老师：傅璟、申明

设计说明

　　设计除了带来美感之外，更应该为人心所想。推翻了人们对于一个人吃饭的坏印象，提出推崇自我，享受孤独的生活理论。吃，可以特立独行，可以我行我素，"独享"就是享受孤独的一个好去处！

　　本次餐厅设计选址于四川省成都市春熙路远洋太古里街区，运用商圈环境中的"闹"来突出餐厅的"静"，让人们闹中取静，独处沉淀。建筑本身为川西特色建筑，将单人餐厅的新概念置于此，发生新与旧的碰撞，让旧建筑与新概念有互联关系，单人餐厅不仅是一种新的体验，更是一种新的生活方式。在这里，不再介意一个人坐四人桌，不用低头边看手机边吃饭，不用应酬无聊的聚会，不用在意别人的眼光，就在这里享受一个人的狂欢吧。

作　　者：胡静怡、张荣、金永玲、宁春雪
作品名称：双面的盒子——矛盾空间的启示
所在院校：西安美术学院
指导老师：孙鸣春、王娟

设计说明

　　从矛盾空间着手，在二维设计中找到平面构成的核心价值，带入到三维空间中发挥作用，研究人在不同空间中的心理变化，以做出具有高效表达能力的抽象概念空间，明确表达出人与空间两者间的互相关系，探究空间的意义和合理灵活分布。注重"人的感受"为目标，定向设计出一系列体验性空间，从视觉、行动上给人冲击力和产生反向思维的思考。提取城规、建筑、室内、景观中的重要元素，用适当夸张手法将元素融合。

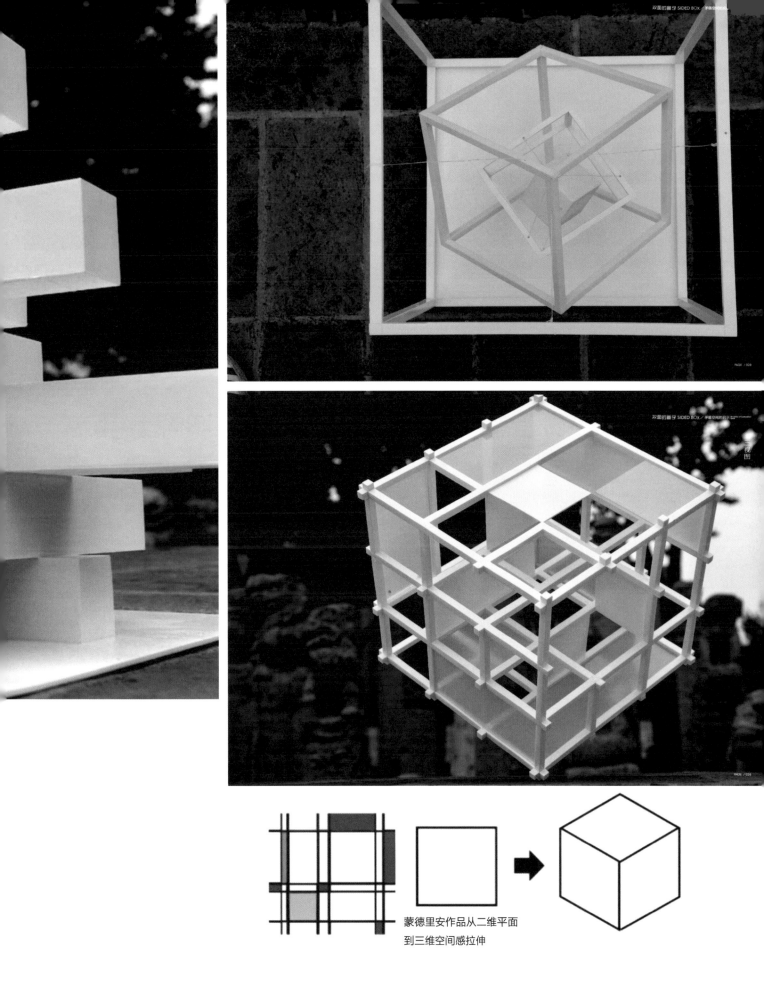

蒙德里安作品从二维平面
到三维空间感拉伸

作　　者：杨虹、刘茜、王文相、吴振中
作品名称：我们的空间——以西安美术学院为例开放性创意空间探索
所在院校：西安美术学院
指导老师：海维平

设计说明

　　本方案提倡老师与老师、老师与学生、学生与学生进行更多的交流，鼓励师生平等对话，根据不同功能和特点，教师很好地为各个年级设定了适合其教学特点的教室。而在形式上，也加入了一些活泼的色彩，使空间不再那么死板。

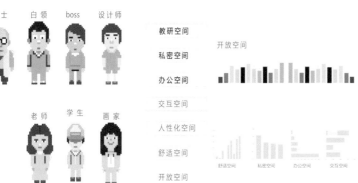

士　　白领　　boss　　设计师

教研空间

私密空间

办公空间

交互空间

人性化空间

舒适空间

开放空间

开放空间

老师　　学生　　画家

舒适空间　　　私密空间　　　办公空间　　　交互空间

作　　　者：黄建璋、李龙飞、李阳一、刘媛

作品名称：云南昆明市团结乡美丽果园——朴风·简木·竹影会所室内设计方案

所在院校：云南艺术学院

指导老师：杨霞

设计说明

　　昆明市团结乡美丽果园设计项目，旨在突出自然生态特色、体现民族文化和民俗风情。会所室内设计时更注重加入家的设计概念，紧扣所有的酒店、会所的一个核心设计重点"宾至如归"的体验。

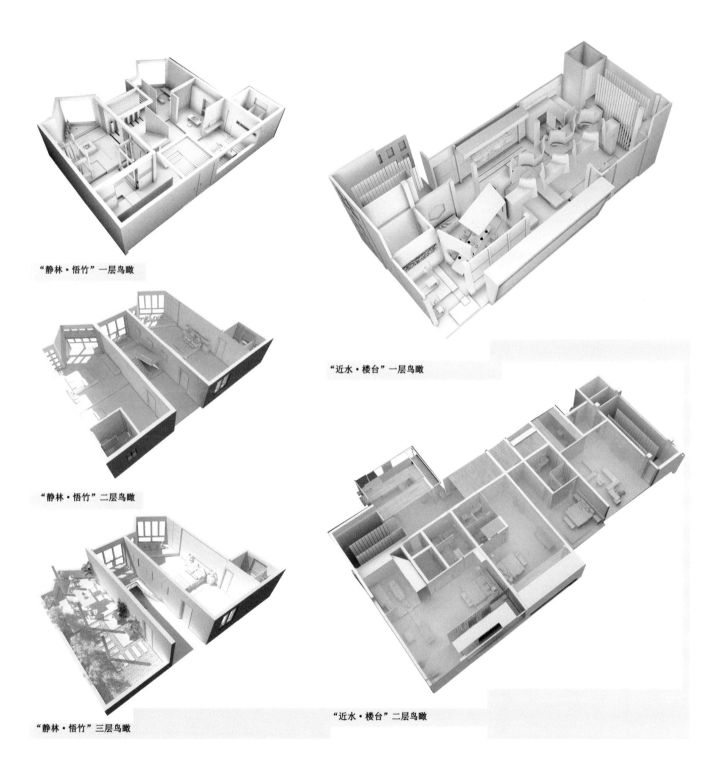

"静林·悟竹"一层鸟瞰

"近水·楼台"一层鸟瞰

"静林·悟竹"二层鸟瞰

"静林·悟竹"三层鸟瞰

"近水·楼台"二层鸟瞰

建筑类

Architecture

作　　者：卿小玲
作品名称：凝——四川省雅安市宝兴县雪山村新江组活动中心建筑及室内设计
所在院校：重庆文理学院
指导老师：黄艺

设计说明

　　恰逢雅安区域震后重建之机，以雅安宝兴县雪山村为研究对象，针对村民活动中心的建筑及室内设计，我们将全面考虑到当地文化及村民需求而建造。建筑外形设计成"回"字形来表达震后重建家园的急切和对新生活向往的期待，标题采用"凝"字意味一种凝聚力。活动中心选址在雪山村新江组地理位置较平缓、开阔的空间，且坐落于新江组村落后方，满足了当遇到灾害时能迅速转移、作为临时寄居点等优势。在活动中心室内设计中我们将展示集社区文化娱乐、活动健身、安全避难、居民集体活动等功能为一体的综合性活动场所，并将当地建筑、民族文化融入设计当中，自然、质朴、休闲，塑造出极具当地特色的活动中心，展现宝兴县雪山村独特的魅力。

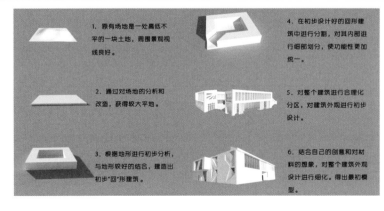

1. 原有场地是一处高低不平的一块土地，周围景观视线良好。

2. 通过对场地的分析和改造，获得较大平地。

3. 根据地形进行初步分析，与地形较好的结合，建造出初步"回"形建筑。

4. 在初步设计好的回形建筑中进行分割，对其内部进行细部划分，使功能性更加统一。

5. 对整个建筑进行合理化分区，对建筑外观进行初步设计。

6. 结合自己的创意和对材料的想象，对整个建筑外观设计进行细化。得出最初模型。

作　　者：覃宇

作品名称："新六合院"——武鸣县文化中心建筑群设计方案

所在院校：广西艺术学院建筑艺术学院

指导老师：曾晓泉、玉潘亮

设计说明

　　本案基地地处武鸣县标营新区，新区中轴线上，面积约 3.84 公顷，场地主要出入口沿南面城市道路。

　　武鸣是壮族的发源地之一，壮民族文化源远流长，项目设计前期对武鸣的文化进行探究，挖掘具有武鸣特色的文化符号融入项目设计当中。经过对武鸣县的历史文化、建筑特色及独特的壮族文化了解，本案以武鸣县当地传统建筑——六合大院为设计元素，突出建筑的地域性。

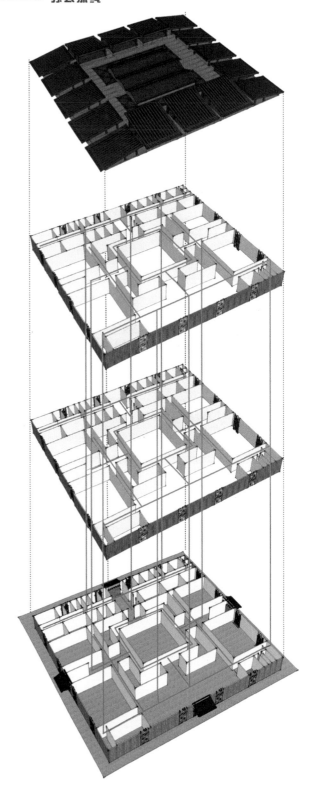

位于武鸣县双桥镇八桥村的六合院，始建于清朝末年，占地 1428 平方米，高 10 余米，从外墙看，红砖墙面，呈方形构图，顶部有飞檐高翘，从高处看，像一个大"口"字，里镶嵌着一个"日"字。邓家大院所有房屋全是红砖木梁青瓦结构，台阶是大四棱长条石，屋外地面铺红色火砖，有完整的排水道。"六合"即上下和东西南北四方，即天地四方，也有是四方上下组合的空间之意。方案以"新六合院"为主题，场馆总体以品字形布局，由合韵博物馆、斋合图书馆、郡合档案馆组成，设计充分尊重六合院原有方形体块造型的基础上适当进行体块重组，建筑立面用色与六合院原有外墙一致，屋顶通过解构采用钢结构半坡屋顶，在博物馆中央设计了采光井，与传统六合院中央的口字形所呼应。让传统民居通过现代设计的手法进行演变设计，达到与现代环境的和谐共生。

作　者：张龙
作品名称：凤凰别院
所在院校：广西艺术学院建筑艺术学院
指导老师：黄文宪

设计说明

　　追求自然主义、生态伦理是古建筑本身就具备与自然互通为一体的意境，凤凰别院提取
岭南建筑与碉楼的特色元素，进行再造、重组，通过使用青砖、灰瓦、白墙、红砖为主要建
筑材料，以钢筋混凝土为框架进行布局，整体空间布局则是以同心圆为布局范围，增加主体
建筑的张力。"树冠横展而下垂，浓密阔大而招风。"形象地描述出凤凰树的特点，以凤凰
树为环境烘托、营造气氛，不仅能达到视觉美感，同时还能遮阳避暑，调节小气候。

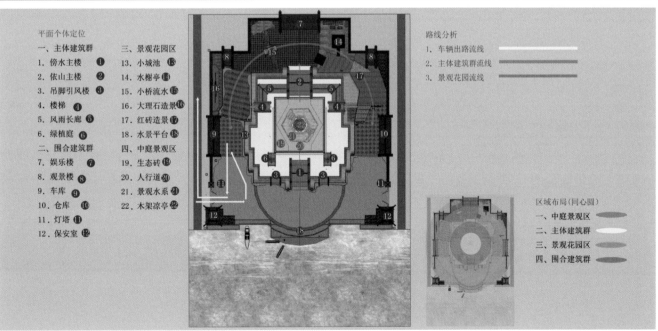

平面个体定位

一、主体建筑群
1. 傍水主楼 ①
2. 依山主楼 ②
3. 吊脚引风楼 ③
4. 楼梯 ④
5. 风雨长廊 ⑤
6. 绿植庭 ⑥

二、围合建筑群
7. 娱乐楼 ⑦
8. 观景楼 ⑧
9. 车库 ⑨
10. 仓库 ⑩
11. 灯塔 ⑪
12. 保安室 ⑫

三、景观花园区
13. 小城池 ⑬
14. 水榭亭 ⑭
15. 小桥流水 ⑮
16. 大理石造景 ⑯
17. 红砖造景 ⑰
18. 水景平台 ⑱

四、中庭景观区
19. 生态砖 ⑲
20. 人行道 ⑳
21. 景观水系 ㉑
22. 木架凉亭 ㉒

路线分析
1. 车辆出路流线
2. 主体建筑群流线
3. 景观花园流线

区域布局(同心圆)
一、中庭景观区
二、主体建筑群
三、景观花园区
四、围合建筑群

作　　　者：张龙
作品名称：狮山公园松竹楼
所在院校：广西艺术学院建筑艺术学院
指导老师：黄文宪

设计说明

　　结合以上规划，根据公园所提出的规划设计要求，把松竹楼的设计构思概述如下：建筑结合了广西传统建筑形式及民族特征与南宁的人文情怀、历史文化，通过现代的建筑设计手段，将松竹楼建在公园的主体山峰狮山之上——以居高临下纵览区域之势，突出松竹之气节，表达市民之精神！

作　　者：单通、纪晓龙、冯明磊

作品名称：游子吟博物馆设计

所在院校：广西艺术学院建筑艺术学院

指导老师：莫敷建、贾思怡

设计说明

　　本建筑是非物质文化遗产博物馆设计，意在告知人们尊重地域文化和非物质文化遗产，追求建筑与非物质文化遗产的互动关系，灵感来源采用"慈母手中针和线"，加以现代化的点、线、面设计理念：点有内向收缩感和活泼跳跃感，线表现规则平稳的效果，面体现充实厚重的效果，体现地域人文情怀，显得别致而生趣。

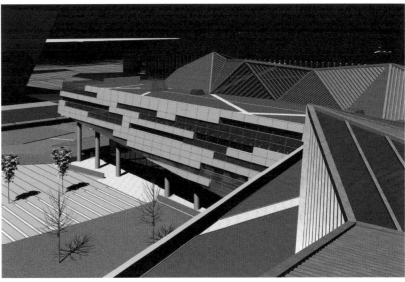

作　　者：何英敏、黎冰冰、郝爽
作品名称：古德民居——云南大理白族新民宿设计
所在院校：广西艺术学院建筑艺术学院
指导老师：莫敷建、贾思怡

设计说明

　　本建筑位于洱海之滨，将苍山绵延轮廓作为设计元素。参照大理当地白族少数民族聚落建筑：以"三坊一照壁"和"四合五天井"为特点的合院式民居。同时本设计进行改良，打破传统建筑封闭内向的常态，比如单侧内向的屋顶，突出公共性、交流性的功能，改良原有建筑结构和在建筑材料上重新选择。

设计说明

作　　者：袁国凯
作品名称：壮锦工艺楼展示馆
所在院校：广西艺术学院建筑艺术学院
指导老师：黄文宪

　　该建筑项目对周边环境进行统筹分析，立足当地人常态化生活需求，分析研究场地内进行规划设计的可行性方案，积极寻求新型乡村建设的突破口，改善人居环境，提升乡村形象，并打造一个完整的艺术古岳。

　　整体方案设计主体以壮锦工艺展览馆建筑为主体，结合古岳村建筑特色及地域文化来展开设计。对其地域环境的实地考察，结合干阑式建筑的特点，使其建筑更加乡土化、灵动、融合在周边环境中。建筑以青砖为基础材料，同时结合毛石、小青瓦、木材构架进行组合运用，在充分发挥乡土文化的基础上保证设计的可行性。同时结合周边环境，通过长廊的形式与村落内部相结合，使其内外空间贯通，长廊给艺术家与游客提供一个展览与休息的平台，同时也使片区空间更加灵活生动。

　　通过对当地文化建筑的参考与现代手打的提炼，使其建筑空间能够充分和地域环境之间产生共鸣、共生。

作　　者：张浩、袁国凯
作品名称：南宁·武鸣濯缨别院建筑设计
所在院校：广西艺术学院建筑艺术学院
指导老师：黄文宪

设计说明      该别院建筑项目挖掘传统地域性民居形式与现代建筑功能空间组合手法之间的"互联·共生"关系。以岭南传统民居"镬耳屋"为建筑设计蓝本，参照传统中国合院建筑进落式空间格局，充分考虑地形高差，建筑空间功能的组合注重对使用功能的完整序列进行梳理与连接，同时吸收岭南建筑尊重地域风土基础上的传统建筑色彩，通过廊、桥、亭等园林建筑常用的空间联络角色处理整体空间组合关系，最终形成总体古典均衡布局，两进式内向型的，且富有浓厚岭南建筑色彩与现代审美趣味的建筑组团。

     通过设计实践，将传统建筑发展过程中积淀下来的优秀的空间组合方法，通过现代手法重新演绎，来形成连接现代建筑空间与传统建筑空间之间继承发展的桥梁，实现"互联"基础上的"共生"关系，并希望促进形成与时代特征相匹配的且富有民族文化特色的新的建筑空间组合形式。

作　　者：叶雅欣、王美菊
作品名称：新秩序——侗族文化客栈
所在院校：广西艺术学院建筑艺术学院
指导老师：韦自力

设计说明

　　该设计是一个现代与传统相结合的特色客栈。用解构主义的方式将现代文明与传统建筑相融合，组成一个既有侗族文化特色又能满足现代人们的生活习惯的建筑。该建筑原型源自于广西桂北地区某侗寨的吊脚楼，该地区民居建筑一大特点是层层出挑，上大而下小，占天不占地，上层有挑廊，廊上安装栏杆或栏板。如用栏板，还特意凿一圆形空洞，供家犬伸头眺望。由于层层出挑的结构特点，檐水抛得很远，有利于保护墙脚，当地居民还会利用这特点，在檐口晾晒衣服或谷物。

　　解构主义及解构主义者就是打破现有的单元化的秩序，是对现代主义正统原则和标准批判地加以继承，运用现代主义的语汇，颠倒、重构各种即有语汇之间的关系，从逻辑上否定传统的基本设计原则，由此产生新的意义、新的秩序。用解构的观念，强调打碎、叠加、重组、重视个体、部件本身，反对总体统一而创造出支离破碎和不确定感。

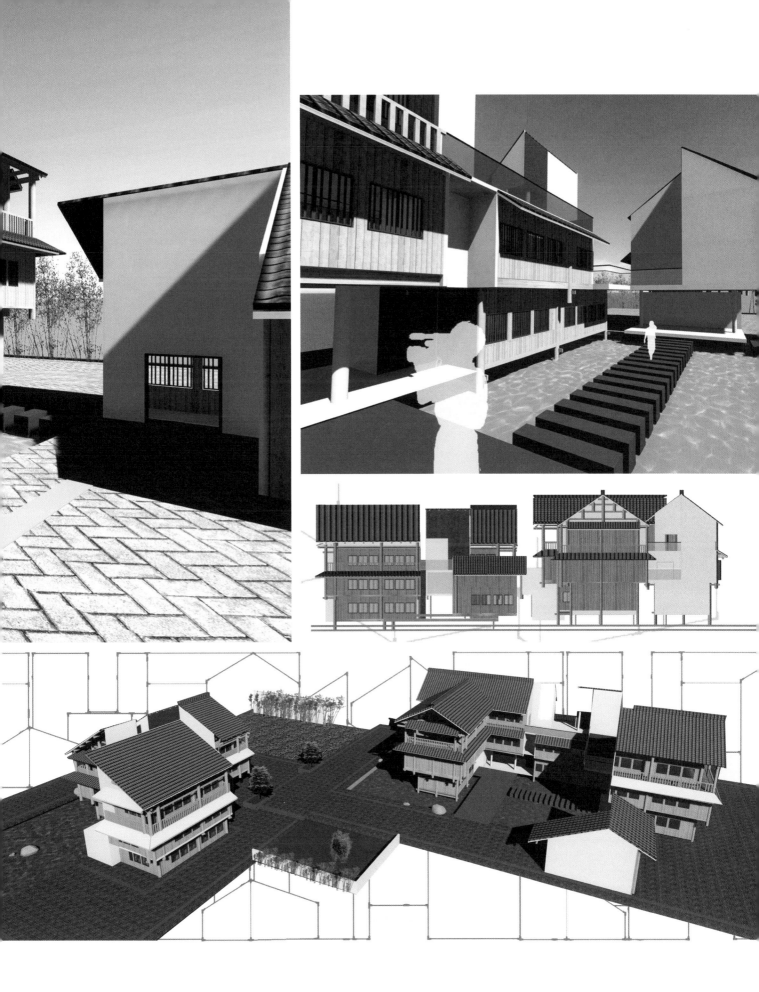

作　　者：郭俊楠
作品名称：撒一把种子，看春暖花开
所在院校：四川大学艺术学院
指导老师：周炯焱

设计说明

　　本设计在结合修学旅游和体验学习的概念，设计出符合儿童心理特点、生理特点的夏令营基地。结合柬埔寨朴实的民风和暹粒丰富的旅游资源以及伦塔爱中9个主题生态村和8个自然康体项目的资源优势，从建筑、景观以及儿童心理的角度出发，着重以建筑景观中的色彩关系、造型关系、空间关系，并且结合儿童心理的研究，以及当地自然、人文等各种旅游资源，打造一站式的多种夏令营功能组合的夏令营；根据当地产权式度假模式，打造亲子夏令营；根据当地原生态的环境，结合修学旅游和体验学习的概念，设计出符合儿童心理特点、生理特点的夏令营基地。

　　设计出发点是从功能需求为突破口，根据儿童的心理特征，原型化的设计更容易打动儿童的心灵，如圆形、三角形、方形、六边形等形体的运用洞穴状、有缝隙和空洞以及任何凹陷式的具有围蔽感的空间容易吸引孩子们，这可能与未出生时在母亲子宫内的体验有某种内在的关联。具有神秘感的场地会极大激发儿童的想象力，创造具有神秘感同时又不会产生恐惧感的场所，对景观设计是一个巨大的挑战。另外提供具有舞台特征的景观元素，可以满足儿童对于个人表现的渴望和对于戏剧及角色扮演的兴趣。以蜂窝的六边形和魔方的变换方式为基础加上建筑的功能需求进行拼合与变异。在伦它爱形成以儿童夏令营为核心，自然主题村与康养基地为一站式的儿童夏令营。

　　基础设施：采用当地原材料，节约环保，利用轮胎设计成树池，可供休息，内设

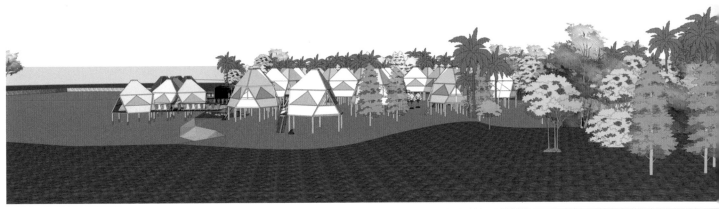

有沙滩排球，因当地土质为沙质土壤。

建筑：传统民居与现代设计的互联·共生，采用柬埔寨传统民居的建筑形式：一楼休息区域，秋千、沙坑、座椅等设施，学生可以在此集会、乘凉，并种植了喜阴植物。根据当地气候，建筑分布为自然式，从环境设计的角度出发，受"天人合一"观念的影响，从人与自然的统一中去追求和传承美，表现人与自然的和谐契合、与物无忤、恬然自安而无所不适的交融合一。

建筑材料使用，使用水凝胶现代新型建筑材料，建筑环境便成为了一个生命体，作为自然的一部分，而不是与自然相排斥。建筑构件如同生态系统中生物，与周边环境有机互动这个项目研究建筑物中的热学过程，体现人与自然的和谐关系。

作　　者：刘亚芳

作品名称：流动的空间——幼教中心建筑空间趣味设计

所在院校：四川大学艺术学院

指导老师：周炯焱

设计说明

　　这是一所以创意、艺术为主题培养儿童创意为核心理念，设立的创意培训学校。是传统的校园建筑与现代优秀案例结合，加以创新。把传统校园建筑墙体全部拆除，只保留承重墙和功能必要的小部分实体墙体，降低建筑层高，满足儿童视觉感受。体现了传统与现代的"互联·共生"。

　　建筑与环境融为一体，把儿童在户外的活动移到室内，地面铺装全部用沙子铺设，并在顶面开设天窗保留原本的绿化，让大树与建筑同在，并在树与建筑之间用特殊的网兜链接。设计理念是空间全开放灵活多变，整个建筑空间用 3m×3m 的轨道为模数来组合建筑空间的形状。在 3m×3m 的轨道上面设置可任意滑动的彩色玻璃门，组合空间形状的大小。折叠起玻璃门，整个建筑屋顶下面除了承重的实体墙，整个形成通透的与环境融为一体的建筑空间。整体设计满足儿童的视觉感受，符合儿童心理特征的建筑空间设计，体现了建筑与环境的"互联·共生"。

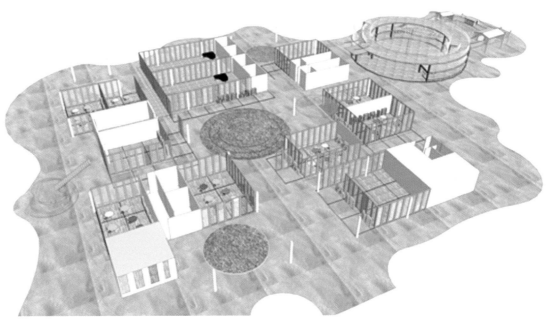

作　　者：金龙江、刘舵
作品名称：互联·共生——与自然对话的书院
所在院校：四川大学
指导老师：周炯焱

设计说明

　　互联·共生，首先让我想到的就是设计与人与环境的联系，从环境角度来理解关注点不仅仅是构筑物，更是人与构筑物、环境三者之间的联系。我对大赛主题的理解是，在一块特定的土地上安排构筑物，并在这块土地上形成空间样式的一种艺术。我的选址在苏州，对传统文化保留比较到位，于是针对现代的都市发展，快餐式的生活节奏，想要打造一处现代与传统融合的书院，利用现代空间诗语结构，重现人们对传统文化的追求，建筑临湖而建，对建筑空间进行重组，中庭、亭廊、

窄苑、前庭，共享下沉中庭，庭院的结合，入口设计简单轻松、低调，继承中华的优良传统美德。从空间角度看也是低调的，当进入以后空间结构越发丰富，书院下沉到地下，享受宅苑绿墙的自然采光，经过亭廊，后面是开阔的临湖庭院，空间尺度突然发生变化，让人在庭院游走上二楼多功能展示空间，结构以木结构为主，柱墙分离，让空间更有力。

作　　者：包剑锋、李敏尧、侯珺尉、蒋林杉
作品名称：参数化城市综合体立体农场设计
所在院校：西安美术学院
指导老师：李媛、吴文超

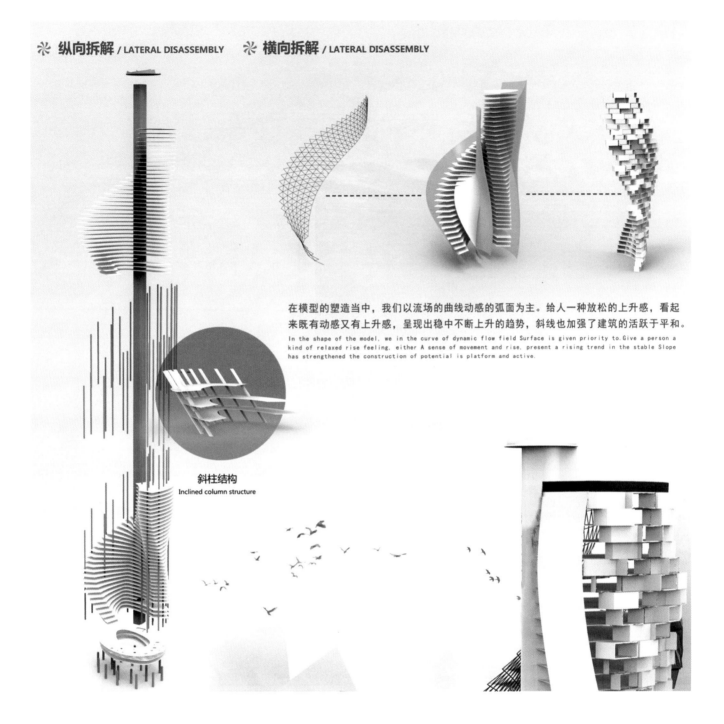

※ 纵向拆解 / LATERAL DISASSEMBLY    ※ 横向拆解 / LATERAL DISASSEMBLY

斜柱结构
Inclined column structure

在模型的塑造当中，我们以流场的曲线动感的弧面为主。给人一种放松的上升感，看起来既有动感又有上升感，呈现出稳中不断上升的趋势，斜线也加强了建筑的活跃于平和。

In the shape of the model, we in the curve of dynamic flow field Surface is given priority to. Give a person a kind of relaxed rise feeling, either A sense of movement and rise, present a rising trend in the stable Slope has strengthened the construction of potential is platform and active.

设计说明

　　本设计着力解决的是城中村拆迁后农民的安置问题。对于拆迁的城中村的农民安置问题，最有效的方式便是给予他们适合其长期居住和发展的空间。本方案从城市农场这一概念入手，突破以往单一农场建筑的模式，让"农民回归农业"，以结合"密集、多元、高效"的运营方式，提出"城市农业综合体"这一概念。运用参数化技术对所设计项目的日照，人员流动、形体、表皮等属性进行推导研究。使设计更具实施可能性。

在秋叶深处，有我们难忘的往事……

作　　者：范旭、司晓鹏
作品名称："街"落于市——安康金川古渡历史街区风貌保护
所在院校：西安工程大学
指导老师：段炼孺、贺春

设计说明

　　当今，历史文化正面临着快速城市化与现代化发展带来的双重压力，此次研究从历史文化为基点，发掘出古渡历史文化对城市发展意义、城市特色以及城市生活服务者的定位与认同，也是城市历史文化保护和可持续发展的重要保障，从城市的历史发展、古渡历史街区的历史文化保护调查分析入手，通过对安康古渡历史街区们的研究与分析，发掘安康古渡历史街区历史文化真正的生命力所在。所以在这里提出，我们利用古渡历史街区文化可持续发展的一种方式，体现出城市具有特色的古渡历史街区文化遗产，为我们未来的发展

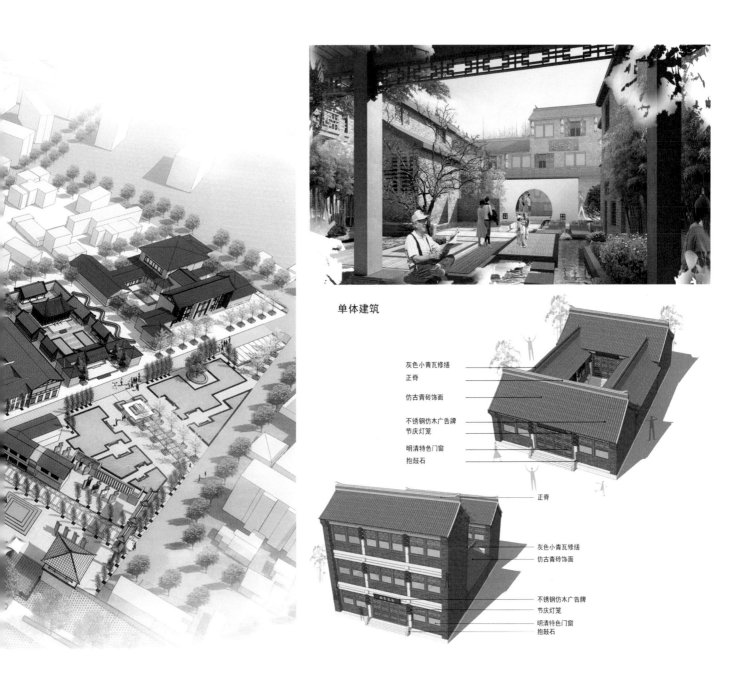

单体建筑

灰色小青瓦修缮
正脊
仿古青砖饰面
不锈钢仿木广告牌
节庆灯笼
明清特色门窗
抱鼓石

正脊

灰色小青瓦修缮
仿古青砖饰面

不锈钢仿木广告牌
节庆灯笼
明清特色门窗
抱鼓石

有着迫切的意义。我们经过现场调研和对周围居住访问，对市民反馈的信息进行统计和分析，得出安康金川街古渡历史街区，在古代是丝绸之路水陆交接的其中的一个点，曾经是一个繁荣辉煌的码头和集市，但是由于改革开放和三号桥的建成，金川街失去了曾经的繁华，由于陆地交通运输的发达，水运基本失去了它以往的运输能力，而金川街古渡历史街区这段集市，现在唯一能展现出他的活力，只有每年的端午节、赛龙舟等几个节日了，因为镇江寺和天圣寺在金川街内，他们赛龙舟的仪式就在这里举行，会吸引一些游客过来。所以，端午节赛龙舟这个传承文化，在未来代表一定尺度的线性文化遗产，通过对线性文化遗产的归纳总结，得出线性文化遗产的特征在于其承载了人口、生活用品、信息流通和服务设施，最主要的是文化交流，但同时也兼顾着自然生态河道的保护意义，所以，为今后的历史文化传承和历史文化研究体系提供依据。

作　　者：龚雅青、冯钰、高凯鑫、王晨阳、周则旭
作品名称：魔术空间探究——以小住宅为例
所在院校：西安美术学院
指导老师：华承军

设计说明

　　魔术空间，简而言之就是在一个本就狭小的居住空间里，利用各种不同的手法改造或利用空间，狭小空间中做到功能的最大集约化和高效利用率，使居住者在这样的一个空间中，能够有着变化多端、与众不同的心灵旅程。

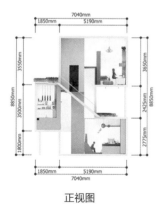

正视图

后视图

右视图

左视图

作　　者：黄超、薛智强、李楠、詹诗琴
作品名称：景观·观景——西安美院新校区环艺区概念设计
所在院校：西安美术学院
指导老师：濮苏卫、周靓

设计说明

　　本设计的选题是环艺教学区的景观建筑设计，旨在建造一种"包豪斯"似的环艺教学区，以融合自然为方向，突破传统的教学楼设计。

　　"景观·观景"的课题意义在于不偏向建筑或者景观而是景观和建筑的完全融合，完全的模糊概念，我们不仅设计建筑也是在创造"自然"，我们不仅观景，我们也是景观。

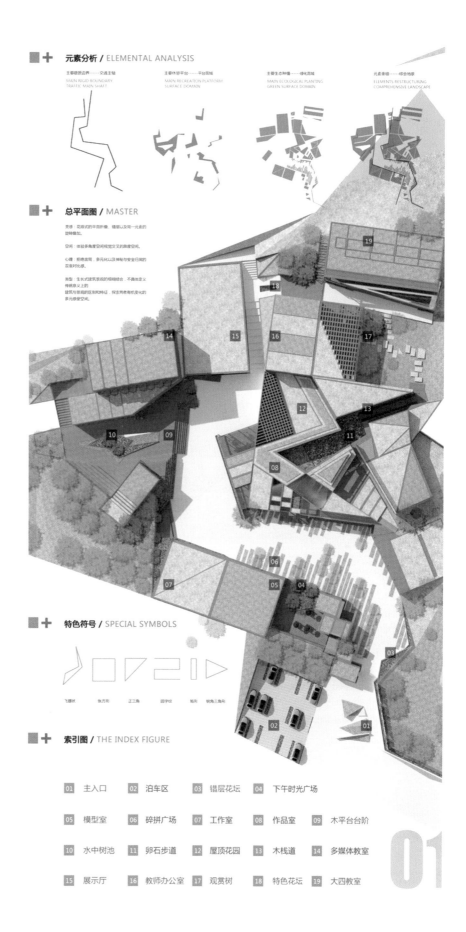

### 元素分析 / ELEMENTAL ANALYSIS

主要硬质边界······交通主轴
MAIN RIGID BOUNDARY
TRAFFIC MAIN SHAFT

主要休憩平台······平台流域
MAIN RECREATION PLATFORM
SURFACE DOMAIN

主要生态种植······绿化流域
MAIN ECOLOGICAL PLANTING
GREEN SURFACE DOMAIN

元素重组······综合地景
ELEMENTS RESTRUCTURING
COMPREHENSIVE LANDSCAPE

### 总平面图 / MASTER

灵感：花源式的平面折叠，错落以及同一元素的旋转叠加。

空间：体验多角度空间规觉交叉的异度空间。

心理：期待流同，多元化以及神秘与安全日常的双重对比感。

类型：生长式建筑素裘的朦胧结合，不具体定义传统意义上的建筑与景观的区别和时间，探去两者有机变化的多元感受空间。

### 特色符号 / SPECIAL SYMBOLS

飞堞状    长方形    正三角    回字纹    短形    锐角三角角

### 索引图 / THE INDEX FIGURE

01

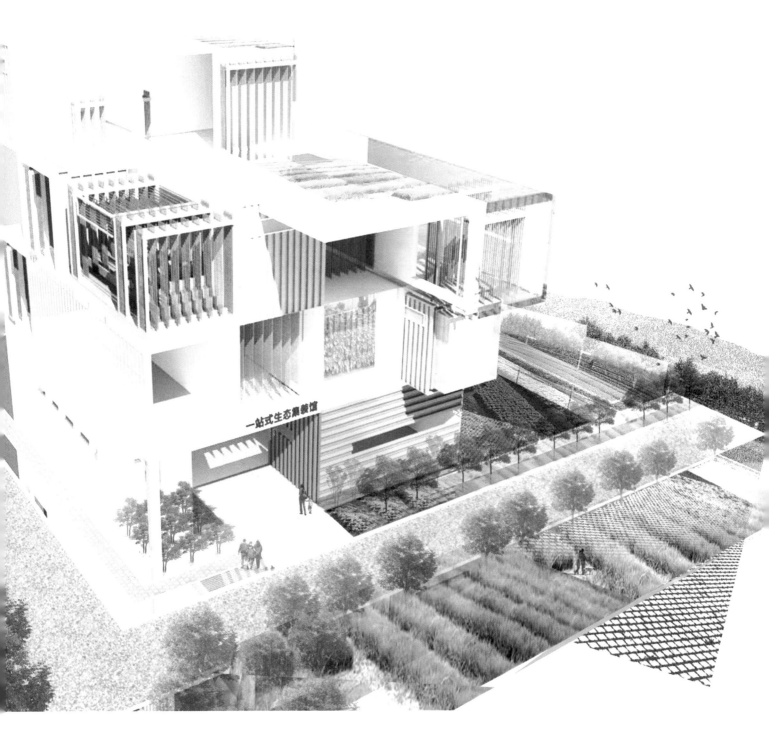

一站式生态集装馆

作　　者：李艺菲、孔司宇
作品名称：生态集装设计
所在院校：西安美术学院
指导老师：孙鸣春 王娟

设计说明

　　每一年未来农贸市场都会给不同职业的人群提供实习机会，让人们感受到一个公平合理的市场环境带来的喜悦。构建成一个人性交流平台，不仅让各专业的技术人才之间交流，同时与消费者保持温暖的沟通。

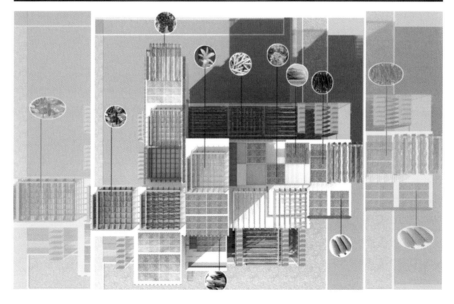

作　　者：刘巧莉、姚梦菡、张宇婧、杨洁
作品名称：非传统建筑材料可移动性住宅——沙漠护林员之家
所在院校：西安美术学院
指导老师：濮苏卫 周靓

设计说明

　　本设计选址中国土地沙漠化严重地区之一榆林市北部风沙区靖边县张家畔镇，毛乌素沙漠南部。为扼制沙漠化现象进一步扩大，除了政府治理，当地村民以及各地志愿者也纷纷加入了植树造林的队伍。设计就搭建在植树造林者所到达之处，所搭建的建筑单体作为护林人员的居住生活空间，同时也是对新型材料的一种运用与探索，建筑单体由纸筒作为主要结构，材料方便获得，便宜轻便，可方便拼接、移动，景观防水防火处理的纸筒可替代成本搭建成本高昂的木头，为沙漠护林人提供更好的生活质量。

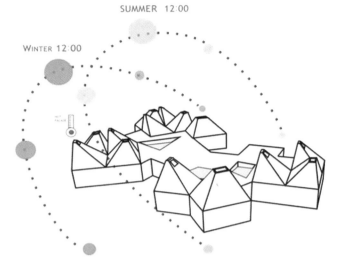

SUMMER 12:00

WINTER 12:00

通风及主要入口分析

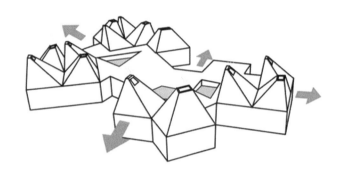

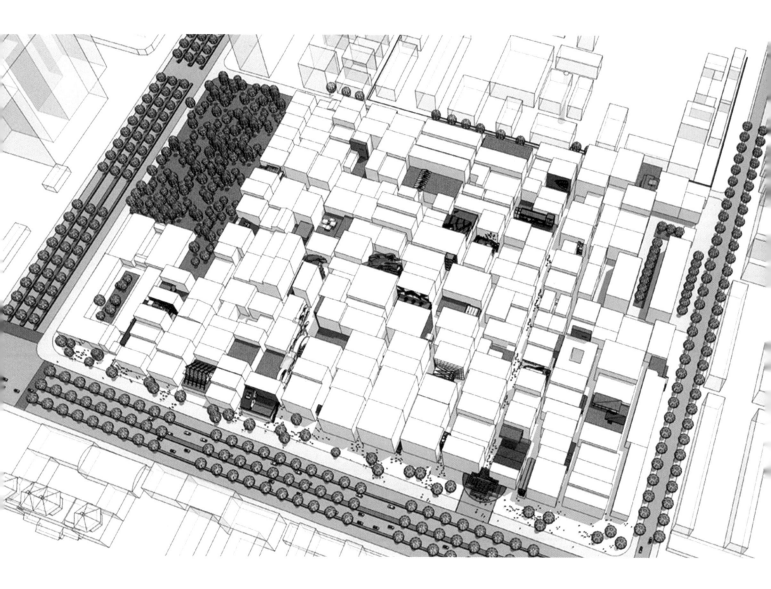

作　　　者：马高博、李旭利、王凯悦
作品名称：夹缝中的生存——毕业后大学生及弱势群体人居
所在院校：西安美术学院
指导老师：李媛

设计说明

　　刚毕业的大学生初入社会，经济收入普遍比较低下。甚至还有一部分大学生在毕业之初还要继续接受一些专业的技能培训，所以经济收入几乎为零，毕业之初还要继续接收父母的资助。所以，本人及本人所在的毕业设计小组就确立了以解决毕业后大学生的居住环境为主的方案。在城市中寻找可以利用的灰色、废弃的空间，夹缝等进行相对应的设计。以刚毕业大学生经济收入底下为切入问题的点和设计的核心思想。根据具体调研和城市中的具体情况以及设计时针对需求人群的具体需要，本人及本人所在的毕业设计小组确定了以罗家寨作为我们设计方案的选址。考虑到刚毕业大学生的经济收入情况将工作与居住结合的空间应该是最好的解决方案。

　　设计结合了当下大学毕业生的实际情况，以罗家寨为载体，加入小动物的设计元素，充分探讨和调研了所用地块的现状和可以利用的各种形式。将人的感受在设计中最大化，并且丰富了现有地块的内容，带动了现有地块的可持续性发展，开创出了一条城中村利用的新的形式。

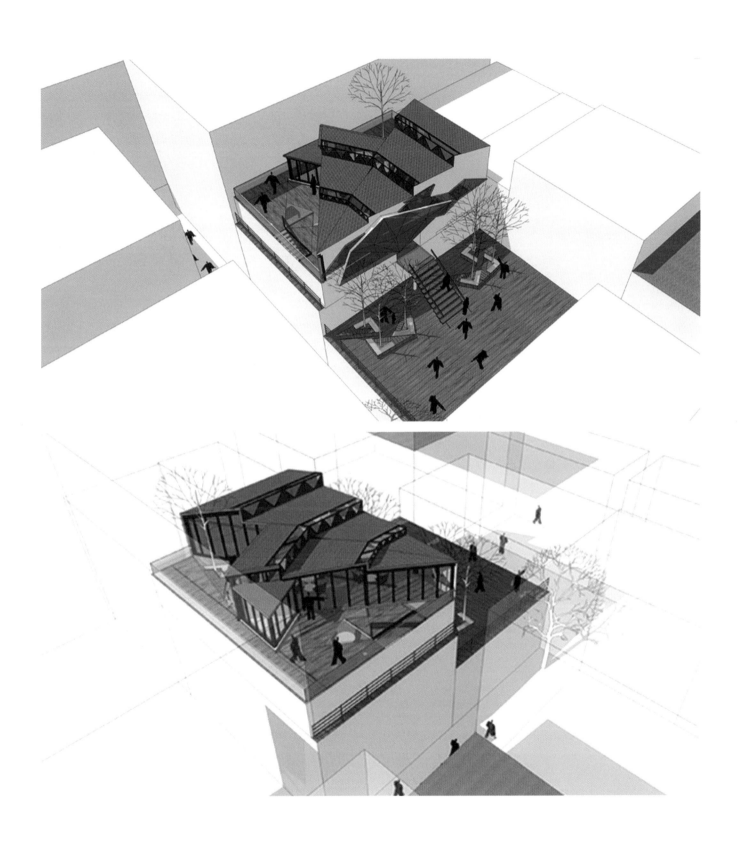

作　　者：石志文
作品名称："巢居"综合展馆概念设计
所在院校：西安美术学院
指导老师：周维娜

设计说明

　　按照自然环境存在的原则，从自然中寻找美。与自然相互作用、相
互协调。从自然有机生命体形态加以提炼与衍生，增加空间的生态性、
趣味性、可识别性和可交流性。表现人与自然的和谐契合、无所不适的
交融合一。

综合类

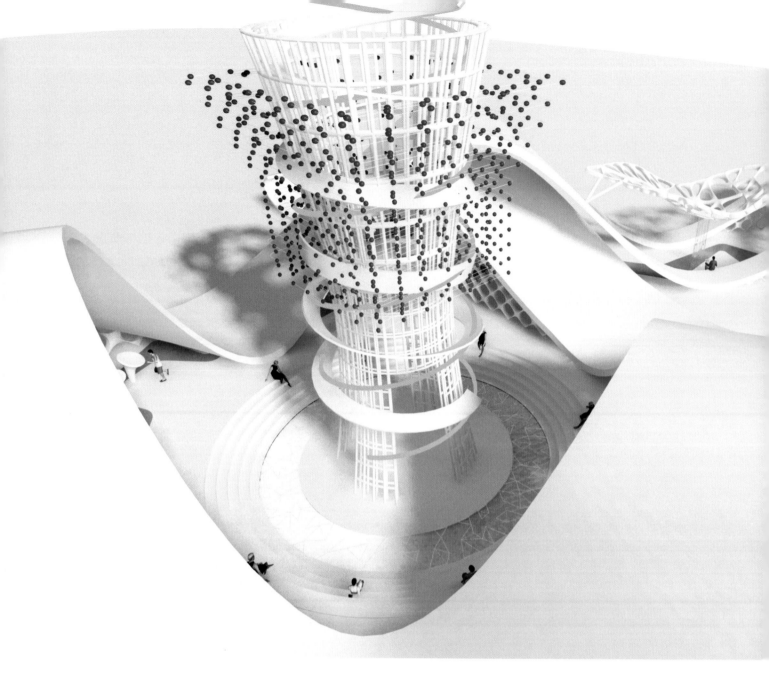

作　　者：杨酉
作品名称：互联与共生——大数据时代下的当代构筑
所在院校：四川美术学院
指导老师：杨吟兵

设计说明

　　丝带就是手工制作的一种精致带子，不同颜色的丝带，代表着不同的意义——象征"平安归来"的黄丝带；象征"健康爱心"的绿丝带；象征"爱的开始"的红丝带。丝带是一条状具柔韧性的物料，通常由布质物料制成，但亦可以由塑胶或金属物料制成。丝带一般用途是捆绑物件，把两件物件连在一起。然而，不一样的丝带，飘扬在我们同一片天空，传递着我们同样的爱和祝福。

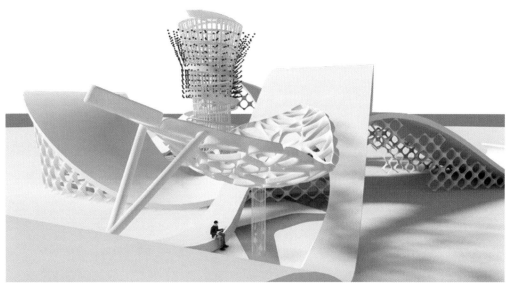

在漫长的生物演化过程中，生物与生物之间的关系逐渐变得复杂。出现了两种生物在一起生活的现象，这种现象统称为共生。在共生现象中，根据两种生物之间的利害关系，又可粗略分为共栖、互利共生、寄生等。共生（commensalism）是指两种不同生物之间所形成的紧密互利关系。动物、植物、菌类以及三者中任意两者之间都存在"共生"。在共生关系中，一方为另一方提供有利于生存的帮助，同时也获得对方的帮助。

有的共生生物紧密缠绕在一起，让人们很难将二者区分开来。在植物和动物共生的例子中，人们往往很难判断这些生物究竟是植物，还是动物。大部分共生生物并不知道自己正在帮助另一种生物，它们只是选择了对自身最有利的生存方式，这是物种自然选择的本能行为。人类其实也是共生生物。没有共生现象，地球上可能就不会存在生命。也许正是共生关系推动了多细胞生物的进化。有的科学家认为整个地球就是个巨大的共生有机体。

作　　者：王龙娟、卢丽琴
作品名称：多功能小型建筑设计
所在院校：重庆文理学院
指导老师：周鲁然

设计说明

　　建筑可折叠、拉伸、移动，长约 4.6 米，宽约 2.3 米，高约 2.3 米，建筑未拉伸占地面积约为 11 平方米，拉伸后约为 21 平方米，其构造简单，可利用空间大且灵活，并充分利用太阳能板发电，满足日常生活用电，自给自足，实现"共生"。

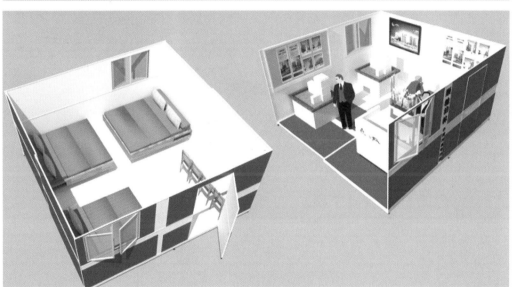

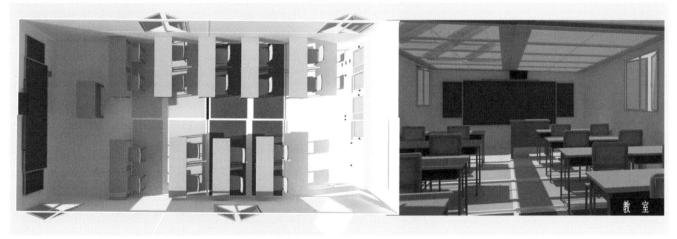

教室

作　　者：韦咏芳、杨庆林
作品名称：三虚竹
所在院校：广西艺术学院建筑艺术学院
指导老师：贾思怡

设计说明

　　设计灵感衍生于"破茧化蝶"蝶变的三个阶段，材料运用传统竹编工艺，结合现代的照明设计而得。其形态富有张力且姿势之优美，一件构思巧妙的灯具常常会带给环境一种新的视觉效果，更显精致美观。

　　该设计采用的主要材料是竹条和藤编等，利用相互交织叠合等编织方式制作而成，层层叠叠的竹条组合成作品的框架，相互作用将竹材本身的延展性酣畅淋漓的诠释出来，给人一种团结之美，优美的线条层层递进的同时伴随着动感，主题也在其间活灵活现。柔和的灯光，优美的投影让居住环境不再单调，视觉上的通透感，灵动的空间让人在这灯光下栖息时感到放松，同时也是一种享受。

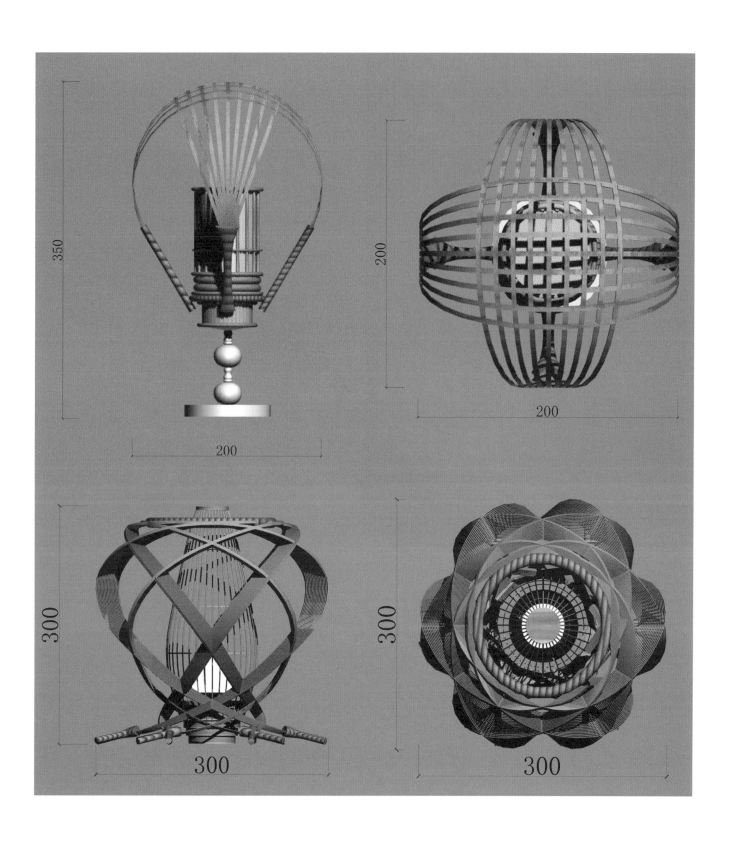

作　　者：张龙
作品名称：Red-Box——旧材料新利用
所在院校：广西艺术学院建筑艺术学院
指导老师：韦自力、罗薇丽

设计说明

Reusing——旧材料新利用

衔接新建筑与原始部落，新材料与旧材料的合理利用，相互协和，相互呼应，让 Red-Box 主题餐厅建筑给人特定的人文环境和历史情怀，每一块砖，都记载着我们的记忆。传承过去，撑起未来，有旧向新。特别的造型，给我们特别的感受，我们回不到过去，那就让我们记住它的样子！

1."Reusing"的方案设计，通过收集老建筑拆除过程中比较完整的砖块和钢材，进行再次利用，重新搭接组合，使之产生新的生命力。运用砖块上那些沉淀着斑驳的印记和植物生长、死亡等循环产生的痕迹来传达着建筑这一动态历史的信息。通过不同的砖，不同的图案和不同的拼法，来达到不一样的视觉冲击。

2.以循环经济为背景，力求建立旧材料的使用来达到保护生态、节

约资源、降低能耗、促进发展的目的。

3. "Reusing"借鉴了折叠这一现代的建筑手法，运用旧材料契合现代思维，在低技术的环境中产生高情感的空间环境。

现在城市发展，我们必须认识到旧材料经济价值和周边建筑与新建筑的关系，建筑材料的发展标志着人类文明，旧建筑材料承载时代的历史信息，同时，旧建筑材料不可复制的美学价值，延长材料寿命，转变设计思路，是 Reusing 所注入的生命力，注重利用废旧环保物品和自然材料，旧材料循环利用的集合体、产物。

作　　者：覃佳悦、郑思楠、颜曾蔓茜
作品名称：莲动渔舟
所在院校：广西艺术学院建筑艺术学院
指导老师：彭婷

设计说明

　　此套家具的灵感来源是采自苏州园林框景的设计手法，从王维的《山居秋暝》中提取"莲动"的灵感，运用透明树脂材料封存住荷塘美景，把室外的景色搬到室内，让人们在室内也能欣赏到室外的自然美景，让生活与自然共生，表现人与自然的和谐契合、与物无忤、恬然自安而无所不适的交融合一。体现诗中亲近自然淡泊名利的境界。

作　　者：覃佳悦、郑塑楠、颜曾蔓茜
作品名称：素苗畔影
所在院校：广西艺术学院建筑艺术学院
指导老师：贾思怡

设计说明

　　此款灯具灵感来源于苗族银饰，传统苗饰华丽考究，以多为美，以重为美。堆大为山，呈现出巍峨之感。水大为海，呈现出浩渺之美。苗族素有"花衣银装贵天仙"的美称，加入现代简洁线条，突出灯具的民族地域特色。物以载情，将家乡的记忆融合在灯具中。

作　　者：陈华海、许丹丹

作品名称：丝路海洋

所在院校：广西艺术学院建筑艺术学院

指导老师：江波

设计说明

　　造型上运用曲线元素和灯光色彩上运用的蓝色调，营造出"海"的感觉，体现社会环境里与现代设计的互联·共生，材料上加上红木和玻璃使得"船"和"海"微妙地融合起来，表现出浓浓的地方特色。北海是我国有文献记载最早的海上丝绸之路始发港，文化遗存众多，更能展示出广西北海深厚的历史文化。以丝路海洋为主题更能加深参展者对北海的印象。

作　　者：陈瞳庆、张胜楠、赵雅倩、闫锐、孔令楠
作品名称：商业街公共艺术设计
所在院校：西安美术学院
指导老师：屈炳昊

设计说明

　　本次调研的地点是步行商业街，我们组设计以传统民间民俗为依托，传统与现代相互联结，环境与公共艺术融合共生。

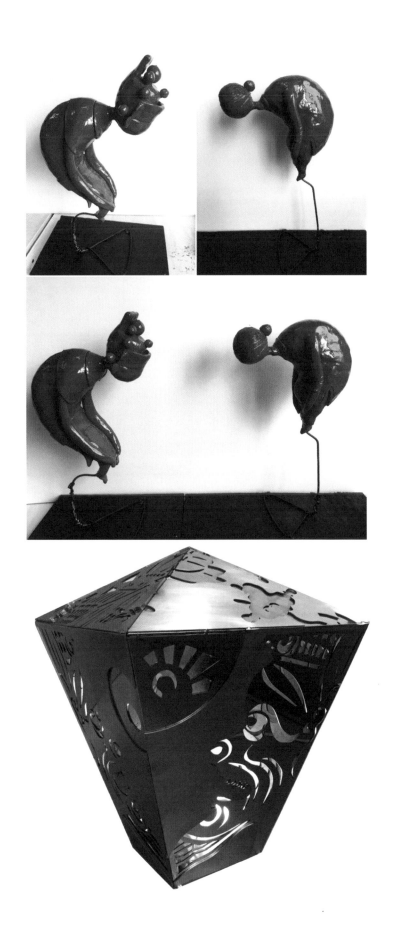

作　　者：董斯然
作品名称：百家姓主题馆概念设计
所在院校：西安美术学院
指导老师：周维娜

设计说明

　　本设计的核心理念即易经中阴阳论，无极生太极，太极生两仪，两仪生四象，四象生八卦，八卦生六十四卦，如此生生不息，周而复始，道出了姓氏文化所暗含的意义和本质。设计规划以一条游览路线为主线，主线上设置了众多与姓氏文化有关的趣闻、典故、名人和一些前所未闻的故事。并在主线中穿插可供游览者休息、娱乐的广场和餐饮住宿功能。整个主题公园的核心部分是园中的姓氏文化主题馆，该馆分三部分：第一部分讲述的是姓氏文化的起源，形成与发展；第二部分是以表格，图像的形式将一系列的数据和资料以最直白的方式传达给观者；第三部分是思考姓氏。

作　　者：董斯然
作品名称：垃圾文化主题馆设计
所在院校：西安美术学院
指导老师：周维娜

设计说明

　　本设计以城市、人类、垃圾和谐共生为主题。当今垃圾污染的这
一问题的严重性显而易见，我们希望通过自己的微薄之力让更多的人
了解，可以共同改善这样的处境。帮助别人就是在帮助自己是我们的
设计初衷。

作　　者：石志文

作品名称：兵器博物馆设计

所在院校：西安美术学院

指导老师：周维娜

设计说明

　　第一章，由石器时代、青铜时代和铁器时代这三个部分构成。石器时代展区的材质基本为石材，入门左侧是序言介绍，右侧是中国古石器时代的一个场景还原，讲述那时的武器原材和制作过程及用途。其中展示了那时出土的一些文物（石质武器）以及它们的特征介绍。青铜时代展区一边是通柜，以秦朝青铜武器为主，讲述那时青铜武器的种类以及青铜武器的相对优势和特征。一边为展板，介绍各种武器的特点和使用方式。中间则是一个大的触摸屏，为了让参观者了解秦灭六国时，它们七国的武器使用情况。

　　第二章，热兵器展区分古代火器、轻型武器、重型武器、生化武器和核武器五个展区。涵盖范围包括古代火器、轻型武器以及重型武器。本章主要是通过实体武器和按比例缩小的模型向大众展现武器的构造、用途以及其发展历史和未来的发展趋势。其中设计有科普体验中心，体验中心可以更深切地向社会大众展示轻武器设计、生

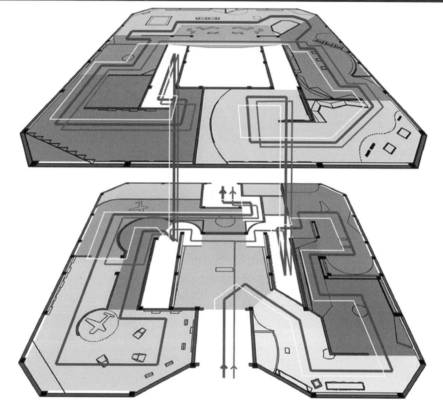

产制造流程，模拟体验轻型武器射击，是大中小学生和社会大众了解现代热武器发展历史、武器知识以及开展国防教育、科普教育的理想场所。

第三章，合理使用武器，分为三个单元。第一个单元讲述世界近代使用大规模杀伤性武器造成重大伤害的战争，首先走进第一单元，映入眼前的是大面积战争浮雕墙，接下来是从裂纹墙里透出来的战争历史，指引游客回顾近代战争历史。走出通道，有一个飞机坠毁造型的雕塑，雕塑下的圆形地面是爆炸场景的 LED 屏幕，形成一幕浑然一体的飞机坠毁场景。紧接着看见的是历史上重大的广岛长崎原子弹事件的图片与文字资料，以及多媒体触控屏，让观众全方面了解历史。中央的三根大柱子上面是动态的画面，展现天空由晴朗变成雾霾的画面，墙面上还有巨大的 LED 屏幕播放纪录片。

整个色调的变化是由第一单元的暗灰色调，表现战争的阴霾与恐怖；到第二单元的浅蓝色调，变现和平的重要意义；最后第三单元的亮蓝色调，展现科技的发展与先进。

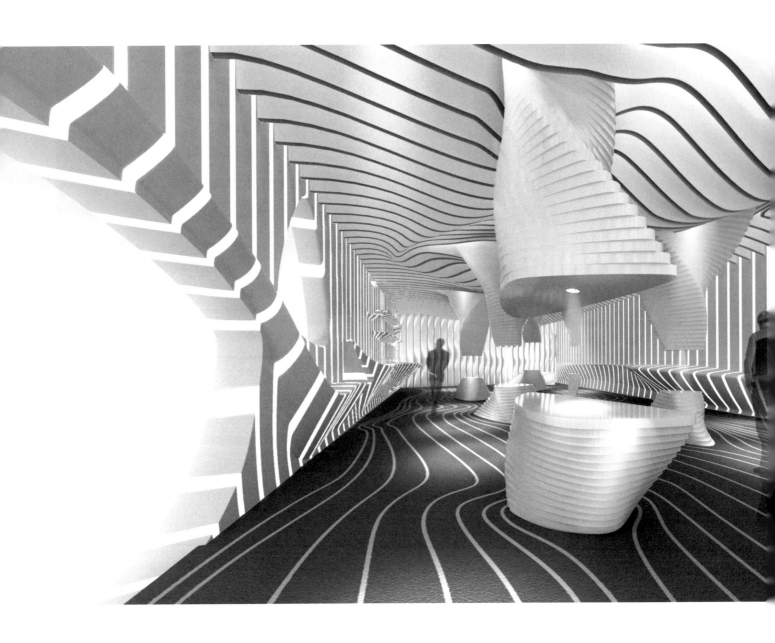

作　　者：谢宗效

作品名称：流动的静止——自组织展示空间参数化设计

所在院校：西安美术学院

指导老师：周维娜

设计说明

　　本设计方案摒弃了通过空间分割及导识系统对展示空间中参观人流影响的传统模式。运用参数化设计的手段，生成可以影响人流动线和参观视觉焦点的自组织展示空间，从而达到以展品为核心，人流动线有规律自主化的展示空间设计。

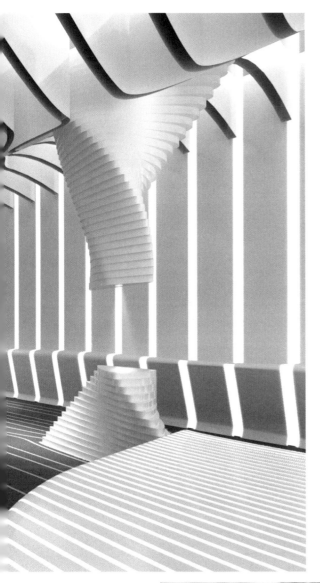

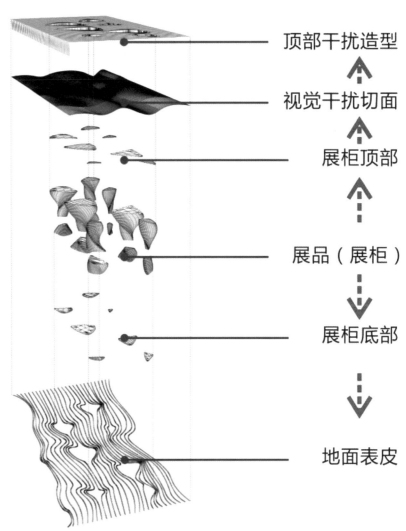

顶部干扰造型

视觉干扰切面

展柜顶部

展品（展柜）

展柜底部

地面表皮

作　　者：赵倩
作品名称：鸾城说——大明宫国家遗址博物馆群中的空间语境
所在院校：西安美术学院
指导老师：周维娜

设计说明

　　"鸾城说——大明宫国家遗址博物馆群中的空间语境"，是以大明宫国家遗址博物馆为主题所设计的一套具有情境意义的典型性空间方案。作者将自身理论研究成果中所提炼的几种空间语境的表达方式应用在方案之中，提出新型的遗址保护性展示方式，最大化地发挥遗址公园的天然优势，展现其天然情境，使博物馆群向大遗址中的"取景框"般，无痕融于遗址环境之中，以隐性的设计手法为主，借助虚拟现实的科技手段，最大限度地弱化博物馆在遗址中的硬性植入，强化遗址本体与遗址文化，达到"天人合一"的展示效果，以表达作者对于"互联·共生"的理解。

　　《鸾城说》的博物馆建筑以"遗址本体展示"与"遗址文化展示"两个部分阐释大明宫遗址所承载的丰富信息，馆中的叙事情节主线以大明宫专题纪录片中的情节线为依托，遗址本体展示分为"幻影迷城"、"凤凰朝阳"、"日月当空"三个单元演绎大明宫遗址所历经的兴衰演变；遗址文化展示分为"盛世荣光"、"繁华如梦"、"凤凰涅槃"三个单元演绎现代人眼中的大明宫遗址文化。本次设计通过空间语境的探索，在保护与展示遗址的原真性基础上对受众的思维起导向作用，使受众通过具有针对性的典型性空间，通过视觉、情感、思维，体验梦回大明宫。

作　　　者：李炫昱、刘梦瑜、陈心茹
作品名称：安康文庙历史街区与周边功能保护与规划
所在院校：西安工程大学艺术工程学院
指导老师：段炼孺、贺春

## 设计说明

良好的规划设计和开发是对土地最好地利用，将带给区域最长久生命力的建筑，实现良好的社会品质，进而有助于提高区域的整个空间形象和环境品质。

本项目拟发展成为一个集休闲商贸、旅游度假、餐饮娱乐等主题文化的综合性历史街区，在产品品质与文化定位上皆具有文化影响力。

在文庙的历史文化保护区的建筑群落里，我们希望自由灵动的建筑布局能带给人们一种自由。一种无拘无束的轻松，一种亲近文化的喜悦，希望来到这里的人们每天都在享受生活。

打造具有安康历史文化气韵的片区风貌。保护具有历史文化价值的建筑构建及建筑实体，重塑文庙的空间形态及规划肌理，存留人们对这片区域的历史记忆，将文庙保护区打造成具有安康特色、体现安康历史文化的历史文化保护区。

规划区域内的主要交通方式是以人车分流为主，车行路环规划区周边，规划区内部具有步行街，行车路与步行街相交路口实行步行优先原则，尽量保证步行街的流畅性。科学规划步行街道路体系，医院有路网格局为基础，恢复原有的街道肌理，既有尺寸适合步行商业街，也有通往庭院的巷道。保证街巷内部的完整性，为游客及巷内部的人们创造一个完整步行休闲娱乐空间。

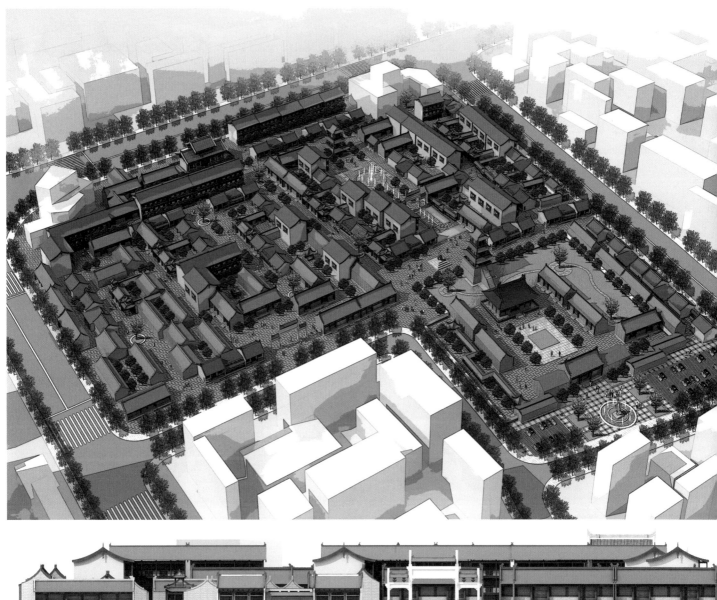

乔木的选择是根据当地气候，主要以栾树、悬铃木、大叶女贞为主。同时选择部分适合和当地栽植的外地其他树种。其搭配方式除考虑其高低、颜色、季节变化外，还需考虑常绿与落叶之间的搭配、阔叶树与针叶树之间的搭配。

公共设施是城市空间构成的重要元素，影响着当今城市形象。在当今城市生活中，我们离不开各种各样的公共设施。公共设施是与我们生活密切相关的一种室内外辅助设施。在公共设施中，照明设施又是一种重要设施。照明设计及灯光的设计，灯光是一个较灵活极富有趣味的设计元素，可以成为气氛的催化剂，是夜景观系统的精华所在，能够增加整体的景观层次感。

作　　者：张靓靓、刘蕊蕊、高青青
作品名称：渭南市蒲城县城南新区开元广场规划设计
所在院校：西安工程大学艺术工程学院
指导老师：段炼孺、贺春

## 设计说明

　　设计位于蒲城县城南新区开元广场并不是传统意义上集生态、休闲、运动为一体的城市服务性功能空间，而是结合现代城市发展的基础与建设的实际经验，为城市的发展和市民的需求而提出的。蒲城县城南新区开元广场在区域优势为基础的前提下，利用其优越的地理位置、地形高差，结合蒲城自身的历史文化特色，在各种效益的权衡下形成的现代城市开放空间。

　　该设计通过对基地现状的调研以及蒲城县资源优势的解读，初步确立了方案设计的定位——《蒲城县城南新区开元广场》，在贯彻"以生态为面覆盖整个广场，以文化为线贯穿整个广场，以标志为点凸显整个广场"的设计理念，通过对基地的整体规划与景观设计形成一个以运动健身、文化娱乐、购物餐饮为一体的现代城市服务空间。

　　作为城市未来发展的新动力和新引擎，蒲城县城南新区开元广场的设计一方面扩大了旅游业范围，旅游与景观观赏相融合，不仅可以保护生态环境，而且可以使环境恢复往日的活力，充满生机。广场的设计充分展现唐文化元素，体现蒲城悠久的历史和源远流长的文化底蕴。另一方面广场的设计，城市土地在新的领域被利用，地块的经济组合的变化与自我积累能力的加强，居民的生活质量与生活乐趣得到了提升，随着城市化步伐的加快和转变，城市的土地利用价值和城市休闲空间得到进一步的扩大。围绕旅游市场，发展旅游业，进一步调整和城市经济结构和生态园区建设，引导和促进蒲城县城市结构的调整。

　　设计在广场规划的基础上，以山清水秀、绿色环保为生态园的建园核心，充分利用当地自然景观与历史文脉，形成"可游、可观、可览"集"自然—健身—休闲—娱乐—购物"于一体的大型城市综合体。蒲城县城南新区开元广场的规划与景观设计必将成为渭南市城市广场未来发展和建设的典范。设计注重自然生态资源的保护和历史文化的再现，意在创立一个具有现代化城市服务功能空间的综合性休闲观光区。

# 诚南新区
## 广场规划设计

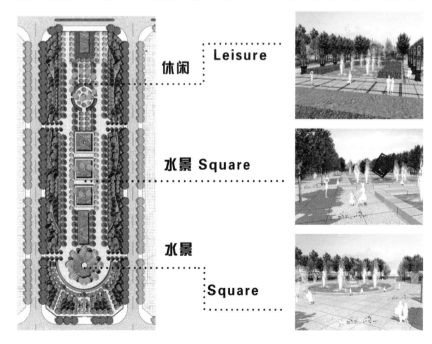

休闲 Leisure

水景 Square

水景

Square

作　　者：周字雷、周子雷、杨俊
作品名称：空・思——旧厂房改造设计
所在院校：西安工程大学艺术工程学院
指导老师：谢迁、胡星哲

设计说明

　　此次《空・思——主题书吧》设计以三栋旧厂房进行改造建设，原三栋建筑进行改造重组，重组后的三栋建筑各为一体，而又整体统一，构成生态、节能、环保的有机建筑。改造中重构原有老旧建筑，打破原有的封闭空间，改造成节能的屋顶，前面处理保留原有的青砖，但给以加固钢筋；东面建筑为科技阅览室，以全息投影技术打造宇宙和地球效果，寓意着空无的宇宙、地球、生命的来源；中间建筑为图书中心，以书塔的形式打造出藏书空间和阅读空间，寓意着人类知识的传递；西面建筑以咖啡休闲区为主，供人安静地看书和思考，寓意着思考的空间，考虑未来。其中还提供新书发布、免费会议室、会客等服务。

　　建筑变形的设计灵感来源于中式风格中的悬山式建筑，结合现代元素，原三栋建筑的建筑形体不一，所以以屋顶为主的建筑拆分，打破原有建筑屋顶，以玻璃、太阳能板和旧瓦顶的结合，两侧建筑的屋面互为双坡，两侧伸出于山墙之外。而中间建筑则为三栋建筑中心，以正脊作为建筑的中心，使建筑升级重组，使采光更加充足。玻璃为三栋建筑之间的"链条"，把三栋建筑连接成一栋建筑。

　　在室内设计部分设计灵感来源于现代科技技术以及回形金字塔的书架，旧建筑室内环境与科学技术的碰撞，提供智能化的服务与环境，使两者产生出年代不同的环境效果。

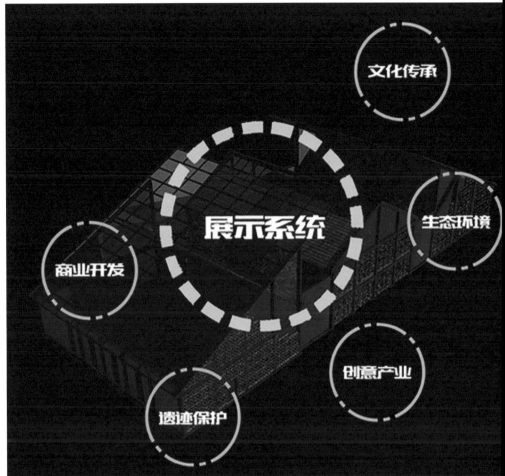

文化传承

生态环境

展示系统

商业开发

创意产业

遗迹保护

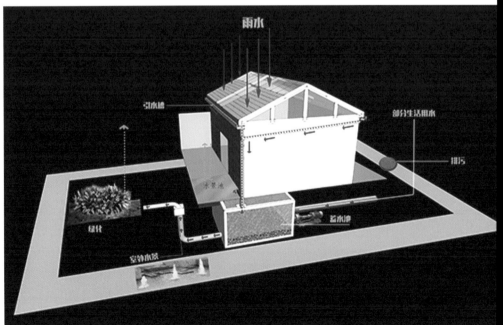

雨水

# 基于中国传统生态美学的传统造型艺术设计探索

谢迁

西安工程大学 艺术工程学院

摘要：中国传统哲学中蕴含着丰富的生态美学思想，为现代艺术设计提供了不竭的艺术灵感与创作源泉。立足于审美视角洞察中国古典哲学中的生态美学，从传统造物文化中窥见生态审美元素，展现传统审美意蕴与设计品质，并将其运用到现代艺术设计之中。旨在赋予艺术设计以全新的生态寓意与审美价值，追求"人、物、境"的和谐统一，实现人与自然的协调共生，开辟现代艺术设计新出路。

关键词：传统哲学 生态美学 艺术设计

Abstract: Chinese traditional philosophy contains a wealth of ecological aesthetics, for the modern art design provides an inexhaustible source of artistic inspiration and creative. Based on the insight of the aesthetic perspective in Chinese classical philosophy of ecological aesthetics, from the traditional culture to get a glimpse of the ecological aesthetic elements show traditional aesthetics and quality of design and applied it to the modern art design. To give a design art to new ecological meaning and aesthetic value, the pursuit of the harmony and unity between people, objects, environment ", coexistence of human and nature coordination, open up of modern art design in a new way.

Key words: traditional philosophy， ecological aesthetics， art design

中国传统哲学是本土文化的根基，也是孕育传统生态美学的沃土。生态美属美的本质属性，是美学形态中不可或缺的因素。中国传统生态美学追求人、物、境的动态平衡，强调自然本性中的美学意境，主张在自然变换中展现美的境界，以遵循人、自然、社会的和谐发展为基础构建起的生态美学体系。中国传统哲学中儒、道、释等学派积淀着丰富的人文思想与生态智慧，为现代艺术设计提供了动力源泉。中国传统生态美学中，造物者在设计时对自然生态的美学关照，是生态设计的基础与核心，以此来实现人、物、境的平衡与统一。中国造物文化以以艺术作品倾注的人文关怀为基础特征，进而发掘艺术作品的社会属性，这种人文文化正逐渐渗透于现代艺术设计之中，并延伸成一个独特的生态美学文化体系。该体系中包含中国传统造物文化与生态美学，为现代艺术设计提供参照标准和指导思想。

## 一、造物自然观："仁"

"仁"乃儒家思想的基础与核心，是"仁爱"思想的体现与完结。传统哲学中"仁"是人们社会属性的根基，肯定了人自身的存在发展，明确了对人类和其他生命形态乃至社会的友善与关切。以"仁"为本的思想涵盖浓郁的人文内涵，并且在造物文化中有着重要体现，传统造物文化中展现了对人际关系的思考对社会稳定的注重，从设计的造型、色彩、装饰、体态中渗透"仁爱"思想观念。例如，传统陶瓷器物在创作上利用与人体口、颈、肩、腹、足、底等不同部位的对应，表现以人为本及对人的关怀，以上下呼应、左右对称、通体连贯的造物之美，展现传统造物文化中的美学魅力。由此也可看出，儒家以"仁"为本的思想对于传统造物文化的重要影响。

现代艺术设计所强调的以人为本正是源于"仁爱"思想中的审美情怀，影响着现代造物文化的发展。现代艺术设计中，处处可见以人为本的艺术设计理念，设计师在设计时，不仅会认真考虑设计的美学价值、功能性质，更会充分考虑其中的美学表现形式和功能性质是否符合现代社会和谐发展的需求，考虑如何运用人文关怀强化设计的情感要素与功能需求，同时传达对人们与社会的关怀，通过艺术设计向人们传递积极健康的思想情感和生活方式，促进人、物、境的和谐共存。

传统造物文化从对人和社会的关怀中激发人们的情感共鸣，以此来增强人们的社会意识和群体观念，促进人们之间的情感交流，利用艺术表现形式增强人与自然的联系。现代艺术设计中，将"仁爱"思想融入建筑设计，可引导设计师关注对外部环境的综合利用，对内外部环境的合理交融，将建筑本体融入自然生态的有机体中，在注重外观造型的同时，更加重视融入人性化的关怀，增进人与自然的沟通交流，促进二者间的和谐共荣。中国美术学院象山校区整体建筑，就是将"仁爱"理念融入现代建筑中的艺术典范。这里的校园建筑，没有冰冷的钢筋水泥式的高楼大厦，有的是充满人文情怀的中国传统园林式建筑。设计师在整个建筑设计中以受众需求为基点，倾注对受众的关爱，利用原有山水合理布局建筑群，使之成为有着独立空间语言的建筑。整个校园由一处处场所和小山小水构成，房子和山水犹如在互相交流对话，互相唱和欣赏一般，营造出和谐安静的古典氛围，在传统建筑风格与现代建筑艺术的交融中碰撞出文化的花火，激发着人们对传统文化的深思，对现代文化的憧憬，这些也更加契合高校的文化氛围，塑造出高校特有的人文精神。

## 二、生命形态的美学要素："气"

"气"是周易中最基本的美学智慧，也是传统哲学中体现物质存在的重要范畴。中国关于"气"的原始阐述在西周时期伯阳父对地震原因的解释。春秋时期，气与五行结合，论证事物的多样性。气论的多样化发展是在战国时期各家对"气"进行的不同论证，孟子有"浩然之气"说。北宋朱熹论证了"气"与造物的关联，提出"天地之间，有理有气。理也者，形而上之道也，生物之本也；气也者，形而下之器也，生物之具也。""气"在中国传统哲学史上有着重要意义，其内容颇为丰富，既指客观存在元素和动态客观实体，又指道德境界或性命人生。中国传统美学理论中关于"气"的论述还有孟子、庄子的"养气"，刘勰的"志气"，谢赫的"气韵"，刘熙载的"骨气"等。

传统造物文化中将人与自然的沟通、感应等都归诸于"气"，人与外界正是因为这种"气"才有了相互之间的亲近感。"气"本身就是刚柔、阴阳之分，因此，传统造物文化认为"气"的表现形式是多种多样的，其中有协调流畅的"韵"，冲突对比的"动"。对于"气"的表述，在传统造型图案中往往将其描述为非机械的且有其自身规律的运动态势。中国有着最高造物形象的有宋代瓷器和明代家具，不仅在外形上达到了登峰造极的地步，更具有独特的内涵气韵与处世风骨及古典哲学思想，这些也给现代艺术设计起到了很大的影响作用。另外，中国画也是极具中国"气韵"的艺术瑰宝，中国画给人不单单是视觉的享受抑或冲击，更能激发人内心中情感，犹如音响一般激发起人心中情感的共鸣。因此，"气"所具备的经久不息的独特韵味，成就了中国传统的美学范畴，造就了特有的审美情趣。

就中国传统书画艺术作品而言，"气韵生动"是其创作第一法，更是古时最基本的艺术标准。中国古代绘画要想更好的抒情达意，反映自然造化，应认识到"天下之物本气之所积而成"，万物皆有气，气为万物命脉，需从气韵着手绘画。注重对自然万物的观察与体悟，对生命本源的思考，注重表达出作品的内涵与意蕴，将其运用到现代艺术中即为"以意制形，以形取意。"现代艺术设计中，较难全面把握气韵，这需要设计者深刻认识并理解生命与自然，并从传统书画作品中提炼创作方法和技巧，结合设计者自己的思想意识和表现方式进行作品的设计。

例如，2008 年奥运会宣传画的设计就融入了书法的表达方式，将极具中国特色和中国韵味的太极拳人物与奥运五环相结合，找寻太极拳与传统书法艺术的相通点，充分展现出传统文化精髓，设计中用书法的意蕴融合太极拳的气韵，直观而又精巧的传达出设计者的设计意旨，即"中国的奥运"，整个画面因书法与太极拳的交融更显气势磅礴，给人强烈的动态感，使受众从中感受到中国的神秘威严。

三、理智的美学态度：亲近自然

传统造物文化注重与自然界的亲近和融合，主张应天之时运，地之气养。这种崇尚自然、亲近自然的思想，影响着中国传统造物文化观念的形成发展，传统造物文化正是以人意识中对自然的反映为核心内容。传统美学作品也多以对自然的映照、思考和回归为主要内容，现代艺术设计尤应如此，在设计中表达对自然的尊重、亲近与崇尚。

现代艺术设计理念为道法自然，其不是"模仿或效法自然"，不是直接引用自然形态。老子认为"人法地，地法天，天法道，道法自然"，"道"乃万物之本源，道化生万物。道家所说的"自然"包含多层涵义，有形而上的自然规律和自然法则，也有形而下的天地万物，美存在于自然万物之中，同时也是一种自然状态。另外，强调"无为"、"虚静"，"无为"即顺应自然，不强求、不偏私，如行云流水、水到渠成、瓜熟蒂落般，不将人的意志强加于自然。"虚静"则是指无求无欲、物我两忘的精神状态，这也指出了造物者在创作时应保持平静自然的心态，以深切体悟造物之道。

以顺应天时地气为原则的造物文化，在道家亲近自然的美学意识关照下，中国传统往往以木材为造物的主要元素。木材具有"再生"的生命特质，这一特征与人的生命有相同之处，反映出木材与人的隐喻结构，木材与人也由此具备了亲和力等特质，为造物提供了物质基础。这种造物观念与中国天人和谐的理念相契合。长期的工艺发展过程中，人们对木质形成了"朴素自然"的审美评价，木材也被充分应用到中国传统物件的创作中。尤其是中国古代家具更是将利用木材造物发挥到了极致，其中最能反映道家自然造物的是"卯榫"造物技术，该技术不许动用一钉一铁，只需利用"卯榫"结构进行固定、连接。这种结构充分利用了传统阴阳观念，阴阳相互抱，促使了造物的完成，展现了源于自然的美学体验。"朴素自然"审美观的最佳代表就是明代家具，明代家具所展现的是质朴无华的美学形式，然而正是这种质朴的美才更让人回味无穷，引起人们对造物的关注与思考。

现代艺术设计也可结合这种"朴素自然"展现艺术创作的美学价值，在设计中融入原生态自然美。以自然材料结合废旧材料建造起的宁波博物馆正是展现"朴素自然"美学的典型案例。此设计中大量利用废旧资源，将宁波老城拆下的旧砖瓦运用到建筑的设计建造中，使旧物重焕光辉。博物馆外墙由混凝土结合古城旧瓦片构筑成古老凝重而又新颖别致的瓦片墙，瓦片墙上利用江南特有的毛竹结合混凝土构成独特的土墙，自然材料组合现代材料构成了博物馆独特的墙体肌理效果，使整个博物馆更加适宜的融入自然环境中，不同材质的组合使人们体会历史的发展与时代的变迁，重新利用废旧材料体现了对资源的节约，这也是中国传统生态美学的本原所在。

四、整体的美学感受：和谐

"和"作为我国传统哲学中心，包含人与人、人与自然、人与社会的和谐统一，事物内外的和谐，人的道德理念与审美意识的和谐。在传统造物哲学中，传达"和谐"的整体审美感受是美学体现的最高境界。实际上传统造物哲学中追求的"和谐"就是人物境的和谐。在我国春天造物文化中最能代表和谐审美理念的就是汉代漆器。汉代漆器无论是在造型、工艺、材料或是装饰上都达到了极高水平，但是为了更好地适应生活所需，设计者在此基础上创造了更多具有实用性的功能，在审

美功能的基础上增添实用功能，实现了实用与美观和谐统一的绝佳境界。

"和谐之美"贯穿于中国文化始终，是中国文化的精髓之所在。现代艺术设计也逐渐融入传统生态美学的和谐思维。例如在建筑设计上，有许多中国传统建筑结合西方建筑的成功案例。我国又有不少城市建筑融通中西方文化，形成了中心结合的新型建筑风格。例如，建成于 1934 年的武汉大学图书馆，将清代建筑与西方哥特式、拜占庭建筑风格融为一体，建筑外观穿插古典建筑中的单檐、朱雀、瓦作等，建筑内部将中式的回纹与欧式柱子相结合，整体中西结合的建筑，既自然天成，又显现出和谐统一，这正是传统造物思想中和谐思想的有力体现。

五、结语

中国传统造物哲学是传统生态哲学的集中体现，展现了中华民族的生态智慧与生态价值取向，倡导仁爱关怀的人文精神，注重融入审美气韵，回归于"朴素自然"，主张"人、物、境"的协调统一，遵循传统造物文化人本设计理念，以传统造物文化提升艺术设计生态审美价值，表现传统审美内涵，彰显本土化艺术设计特色。基于传统生态美学的艺术设计，在现代艺术设计中融入传统生态美学理念，借用艺术的形式向人们传递积极健康的审美理念与生活态度，发展现代艺术设计全新的审美价值与审美标准。

参考文献：

[1] 俞大丽，罗燕 . 造物之美：中国传统生态美学观照下的艺术设计 [J]. 江西社会科学，2013（11）212-215.

[2] 王淮梁 . 生态视野中的环境艺术设计展望 [J]. 美术研究，2008（01）41-43.

[3] 王磊 . 生态美学关照下的艺术设计生态观 [J]. 艺术探索，2008（01）92-93+143.

[4] 郭晓冰 . 艺术设计中的美学思想 [J]. 大舞台，2014（02）60-61.

[5] 苗延荣 . 中国民族艺术设计与中国传统哲学 [J]. 装饰，2009（12）122-123.

[6] 周鹏 . 试论环境艺术设计中的生态理念 [J]. 中国农学通报，2009（24）398-402.

[7] 陆蕾 . 现代艺术设计与中国传统人文哲学思想的契合 [J]. 求索，2013（09）105-107.

[8] 黄芳 . 浅谈中国传统文化的艺术意象与环境艺术设计 [J]. 新世纪论丛，2006（02）116-117+154.

作者简介：

谢迁（1965-），男，汉，陕西西安人，西安工程大学讲师，硕士，主要从事建筑环境艺术设计理论及美术理论等方面的研究。

# 垂直绿化
## ——探索重庆绿色城市新空间

龙国跃

四川美术学院 设计艺术学院

摘要：垂直绿化是城市绿化空间里的新兴但起着十分重要的角色，其增加了城市绿化面积，是改善城市生态环境的重要途径。垂直绿化处处彰显生态与环保的理念，并改变了常规的绿化形式，使人的视线不局限于平面，将人的视线向天空延伸，探索绿色空间的纵向发展。

关键词：可持续 绿色 垂直绿化

Abstract: Vertical Green is emerging mode and plays a very important role in the urban green space , which increased the city's green area, is an important way to improve the urban ecological environment. Vertical green everywhere highlight the concept of ecological and environmental protection, and changed the form of regular green, people's attention is not limited to the plane, the extension of the human eye to the sky, to explore the longitudinal development of green space.

Key words: Sustainable; Green; Vertical Green

21世纪绿色、生态、可持续等词在不论是在经济、设计等多个领域都是具有相当重要意义的关键。这原本是20世纪工业革命遗留下来的问题，可是因为当时人类都着重去关注一些眼前利益，而忽略了可持续发展，导致如今出现已经如此伤痕累累的环境。而当今对"绿色"这个概念也只是在所有谈设计时，把它作为一种口号，而它的重要性不只是要放在最后来压轴，为了一时的利益而一次又一次的被忽略。为什么出现这种情况呢？是因为社会还没有把绿色的设计变成一种信仰，而是把它变成所有利益中的一种。

由于城市化进程越来越快，人们在城市里需要越来越多的住房，城市里到处都在向上延伸，争取更多的居住空间，同时城市绿化也越来越少，但人口还是那么多，绿化、公共空间是必须要有的，这也就出现了越来越多的垂直绿化。垂直绿化的模式像高楼大厦一样，也是把原来平面的、大的空间变成立体的、小的空间，当然这也为当下的城市绿地问题提供了很大一块绿化空间。

### 一、垂直绿化空间的概念、现状

（一）纵向的绿化空间的概念

垂直绿化也被人称为立体绿化，充分利用不同的立体空间，其概念泛指用攀缘植物或其他植物装饰建筑垂直面或在立体空间利用棚架、围墙、栏杆等做的一种垂直绿化形式，以达到美化和维护生态的目的。

（二）纵向绿化空间的现状

伴随我国城市化进程的加快，传统的城市绿化手段已经满足不了城市发展的需要，设计师逐渐把注意力放在城市绿化空间的纵向探索上。在垂直绿化上深圳、上海有较大的发展，特别是2010年上海世界博览会的招展展览了一系列先进的垂直绿化的技术和手段，形式上也突破了传统的垂直绿化。垂直绿化里面存在着很大的技术难度，如今较成熟的是绿化墙，大部分的绿化墙是由模块拼装而成，模块里放的是回收废制的花盆，而花盆里的土壤放的是枯枝落叶等有机废弃物制成的[1]。

（三）纵向绿化空间的问题

目前我国的纵向的绿化空间存在的最大问题就是技术和植物种类单一。研究的思路比较窄，一提到垂直绿化，言必称攀援植物，虽然攀援植物比较适合用于垂直绿化，不过它们并不是唯一选择，它也不能代表垂直绿化。其次，垂直绿化效果有待改善。从量方面看，大部分城市的垂直绿化都是处于起步阶段，垂直绿化面积不够；从质方面看，垂直绿化没有充分解决生态，资源收集和循环等问题。

### 二、垂直绿化类型与作用

（一）纵向的绿化空间的类型

1. 墙体绿化

垂直墙体绿化应该可以根据不同温度、湿度气候因素而自动滴灌，经过实验证实夏季使用垂直绿化墙的室内比室外低三摄氏度左右。植物选择上应使用本地的、不同生长期的植物以保证四季常绿。

2. 植物屏风

（1）可移动植物墙

可移动植物墙的绿植面积一般不大，可双面种植，最大特点是可任意移动位置，呈现出一定的个性化。可移动植物墙如今发展到对滴灌循环系统、补光系统、通风系统及组合移动装置都有一定的实验。

（2）生态壁画

生态壁画是另一种室内立体绿化空间。其特征是固定在墙上特定区域，一般面积较小，采用精美实木或者钛合金封边，用以装饰一些高端场所。（图1）

图1（资料来源：自己拍摄）

（3）植物窗帘

植物窗帘是近年兴起的一种低成本的办公区绿化方式，大公司特别推崇，彰显着当今社会流行的"高端、大气、上档次"。主要采用符合当地气候条件和地理环境的可垂吊藤蔓植物，然后搭配各种亮色花卉，组成植物"围墙"，让现代白领在繁忙的工作之余能抬头看看窗外的简易绿色围墙，舒缓工作压力，陶冶情操。

3. 屋顶花园

随着各种需求和对"摩天大厦"的崇拜，各种高楼拔地而起，同时也产生了多块搁置的屋顶空间，形成大片的空中荒漠，为了弥补城市绿地空间并高效地利用空置空间采取了对屋顶进行绿化。屋顶绿化分为简单式和花园式，简单式屋顶绿化以种植草坪为代表，花园式屋顶绿化以廊谢、园路、水景、各种小品景观为代表。近年来，在各地政府的鼓励下，屋顶绿化呈现了多姿多彩的趋势。

4. 桥梁绿化

城市是由道路组成一张网，为了缓减沉重的交通压力，高架桥的数量同高楼一样一天比一天多。桥梁当然有着特殊的功能，但大量的钢铁桥墩和混凝土桥梁成了新的空中荒漠，因此出现了桥梁绿化。桥上空间可采用植物袋或者盆组再配以成熟的滴灌系统，桥下空间可对桥墩和桥身、引桥等部位进行绿化，在城市空中树立起了一座座"彩虹桥"，既能有效增加城市绿化面积美化城市，又能让市民尤其是开车的朋友可以缓解视觉疲劳。

5. 边坡绿化

边坡绿化在城市里的利用并不高，主要用于高速公路两侧来防塌而做的护坡。随着中国的各方面的快速发展，基础设施的建设速度加快，如实施电力、水利、交通、矿山等项目而形成了大量的裸露坡面。这些裸露坡面不仅影响了生态环境景观，还存在地质灾害隐患，影响主体绿化工程的安全稳定。因此边坡绿化是一种新兴的能有效防护裸露坡面的生态护坡方式，它与传统的土木工程护坡相结合，可有效实现坡面的生态植被恢复与防护。不仅具有保持水土的功能，还可以改善环境和景观，提高保健、文化水平，边坡绿化主要分为：陡峭边坡绿化和缓坡边坡绿化；土质边坡绿化和石质边坡绿化。边坡绿化的环保意义十分明显，边坡绿化可美化环境，净化空气、防止水土流失和滑坡。特别是对于石质边坡而言，其环保功能尤其突出[2]。

（二）纵向的绿化空间作用

1. 占用城市中的土地较少；

2. 净化空气（吸收二氧化碳释放氧气）、保温、滞尘、减少噪声；

3. 增加绿化面积，提高绿化率；

4. 观赏效果好。

垂直绿化能够弥补平地绿化之不足，丰富绿化层次，不但有助于恢复生态平衡，而且可以增加城市及园林建筑的艺术效果。

（三）垂直绿化的技术特点

垂直绿化是建立在立体绿化的基础上的一种绿化技术，在整体设计上采取艺术化；在浇灌上采取自动化和环保节能；在结构上采取标准化和批量生产化。

垂直绿化的技术特点：

1. 标准化及产业化；

2. 组件的组装和拆卸简单快捷，便于运输，可作为活动的绿色屏风；

3. 组合和多次调整变化不同的图案，具有较强的艺术观赏性；

4. 高效率利用室内外空间，可用于墙体表面，也可用于家庭和办公室；

5. 便于维修和维护及更换；

6. 具备自动灌溉功能；

7. 可利用中水及雨水回收灌溉，节能环保[3]。

三、垂直绿化在重庆的运用

重庆作为一个山水型城市，城市人口众多、建筑密度大，绿地空间较少，垂直绿化恰能弥补这个不足。不仅仅是靠森林覆盖率来达到的，作为摩天大楼的重庆可以通过垂直绿化来提高城市绿化面积。台地绿化、堡坎绿化等都是具有典型的"重庆"特色的绿化空间，在城市里运用广泛，有效的利用土地资源，增大绿化面积，扩大城市绿量，彰显重庆城市园林特色。

重庆常见的垂直绿化轻轨柱立体绿化：桥墩、轻轨柱采用攀爬的植物，形成分车带中一棵棵的"大树"；边坡采用自然式与挂网式有机结合形成的立体绿化；河岸堡坎绿化：渠化的河岸采用垂吊的绿化植物，并与垂柳搭配，形成绿色的廊道；立体综合绿化方式等多种立体绿化方式（图2）。

图2（资料来源：网络资源）

重庆垂直绿化设计主要尊重三大原则。一是因地制宜原则。重庆市的堡坎、护坡、立柱相对较多，各个场地本身的物理条件和其他周边环境不一样，因地制宜，具体问题具体分析，选择适宜的方式开展城市立体绿化，要尽量采用本土植物。二是节约型原则。如何在用地十分紧张的重庆做到提高绿化率，并具有地域特色是具有相当挑战的。重庆市政府也提出"大力实施垂直绿化和屋顶绿化，实现节地节水建绿"的总思路。三是综合运用原则。采用多种品种、类型的植物混合运用，提高植物群落层次，在土壤比较深、能够做种植槽的地方尽量种植常绿乔木和小

乔木遮挡一部分堡坎，后面再用攀援植物进行绿化[4]。

垂直景观对绿色空间的纵向探索为了创造更多的绿色空间，为了使人的视线不局限于平面，将人的视线向天空延伸，与水平方向上的事物形成强烈对比，给人一种新的视觉景观享受。立体空间加上垂直绿化空间打破了传统景观空间概念，出现了纵向空间的概念。

垂直绿化一般一依附于建筑物或构筑物，是一种同时兼具自然和人工的混合体，它要为人们营造出如同在那些被我们称作公园、公共空间、大广场之中不一样的体验。绿化空间的纵向延伸创造出了一种别样的自然，它为人们建立了一个可供休闲和生态体验的场所。（图3）

图3（资料来源：网络资源）

四、结语

垂直绿化处处彰显生态与环保的理念，通过结合新的具有可塑性的内涵、新的技术和材料、新的科学范式和新的"维度"，以及能体现时代感的吸纳整合，更加繁复的形状已经进入到部分建筑和造景形式之中。垂直绿化就是在构筑的基础上对公园—高耸的摩天楼和大尺度的公共空间——相结合的创新结晶。垂直绿化让墙体充满生命，让一座座建筑焕发光彩，它是一种自给自足的、开放性的、又同时兼具自然与人工的混合体，亦是对公共绿地发展生直化的一种预言，将为景观这门公共空间和环境的学科带来新机。随着人类认识和设计探索的深入，人类实现绿色设计和生态设计的方式还会不断变化和加重。这些设计的目的只有一个：即实现人与环境的和谐共处，最终达到人类不断追求的理想化生活方式实现目的。

垂直绿化可让生活在城市里的人们畅游在城市森林之中，拥有多姿多彩的植物绿化，让冰冷的建筑焕发出生命的光彩，分享绿色生命的喜悦。

参考文献：

[1] 王凯，垂直绿化在城市建设中的应用，山西建筑，2010,2.

[2] 绿色霖·植物墙公司．http://www.ilshl.com/

[3] 况兴碧．浅谈城市中的垂直绿化．学术理论与探索．2009,11.

[4] 重庆垂直立体绿化建设原则．世界屋顶绿化协会．2013,06.

作者简介：

龙国跃（1958- ）重庆市人，四川美术学院设计艺术学院环境艺术设计系主任，硕士研究生导师，研究方向为环境景观生态可持续设计。

# 共生
## ——四川雅安宝兴县雪山村震后村落复兴计划

黄艺

重庆文理学院美术与设计学院 环境设计系

摘要：通过对雅安宝兴县雪山村灾后现实的分析，提出建立良性自然循环的复合式生态系统是重塑雪山村风貌的核心目标，并分别从明确村落重塑的主题、确立村落复兴计划的原则、重塑村落空间格局和制定村落产业规划等四个方面提出了雪山村风貌复兴的相关举措，希望在探索乡村可持续发展途径的同时，积极关注其社会生活的现代性转变，为实现人与乡村和谐人居的可持续发展做出一点努力。

关键词：共生 村落复兴 产业规划 四川雅安

Abstract: Baoxing County of Ya'an through snowy mountain village disaster realistic analysis, proposed the establishment of a virtuous cycle of complex natural ecosystem that is reshaping the core objectives of the glacier village style, and were from the village remodeling clear theme, the establishment of the principle of village revival program, four villages in the spatial pattern of remodeling and the development of village industry plan put forward specific measures snowy mountain village revival style, hoping to explore ways of sustainable rural development at the same time, active interest in modernity transform their social life, for the realization of human and countryside harmonious and sustainable development of human settlements to make a little effort.

Key words: symbiotic，Village renewal，Industry planning，Sichuan ya 'an

中国的城镇化发展在过去的 30 年里如火如荼地进行着，持续开发和大力建设为 GDP 的稳步增长贡献颇高。然而，城镇化发展质量不高的现实，导致千城一面的尴尬局面愈演愈烈，很多城市的地方特色和个性的延续正遭受着严重的挑战，就连一向以自然风貌为主要特色的中国乡村也受到了城镇化迅速发展的影响。针对乡村风貌的可持续发展规划，《国家新型城镇化规划（2014—2020 年）》提出，要根据不同地区的自然历史文化禀赋，体现区域差异性，提倡形态多样性，防止千城一面，发展有历史记忆、文化脉络、地域风貌、民族特点的美丽城镇，形成符合实际、各具特色的城镇化发展模式。习近平总书记于 2013 年 12 月在中央城镇化工作会议上提出，城镇化建设要"依托现有山水脉络等独特风光，让城市融入大自然，让居民望得见山、看得见水、记得住乡愁"。

恰逢雅安区域震后重建之机，以雅安宝兴县雪山村为研究对象，对村落进行重建规划的同时，也提出新的产业模式。保护村落传统文化与建筑聚落形态的延续，是中国乡村保护性发展的重要选择。如何在提高村民生活水平的前提下，有效的制定乡村产业规划与建筑改造的策略，使传统文化在精神与实体上得以传承，是本次震后村落复兴计划的一大挑战。

### 一、项目背景

四川汶川大地震给人们造成的巨大创伤还未完全褪去，五年后的四川雅安芦山县生了 7.0 级大地震，余震多达 1815 次，相距 116 公里的成都市震感强烈。

此次大地震给雅安宝兴县雪山村造成了严重的破坏，全村所有农房倒塌或严重损毁，2 人重伤，十余人轻伤。通村公路和通组人行便道完全严重损毁，饮水设施完全损坏，400 多人饮水困难。其中房屋倒塌或严重损坏需重建的有 107

户 413 人；房屋严重损坏需加固维修的有 14 户 52 人。低半山村民小组位于海拔 1300 米至 1700 米之间，高半山组处在海拔 1600 米以上的高山上。受灾后高半山的村民小组都搬下山住着临时搭建的板房。（图 1、图 2）

图 1 残垣断壁的农房　　　　　图 2 基本瘫痪的村路

### 二、雪山村面临的问题

#### （一）震后面临的挑战

生态环境恶化，植被、水体、土壤等自然环境被破坏，次生灾害隐患增多，余震频繁，导致生存发展条件变差。资源环境承载能力下降，人均耕地减少，耕地质量下降，保障农民收入稳定增长难度极大。部分地区可供建设的空间狭小，不少地方失去基本生存条件，异地新建城镇、村庄选址及其人员安置难度很大。不少灾区群众成为无宅基地、无耕地、无就业的人员，加之灾害造成的恐惧心理，医治灾区群众心理创伤需要较长过程。物质文化遗产和非物质文化遗产载体大量损毁，保护和传承村落文化更加紧迫。依法解决灾区群众当前急迫问题与保持区域长远可持续发展面临十分复杂的矛盾和情况。

#### （二）地方特色遭受破坏

作为世界第一只大熊猫发现地和第一只大熊猫模式标本产地的雅安市宝兴县，是世界自然遗产四川大熊猫栖息地，拥有世界其他地方无法比拟的良好生态系统和丰富资源。1869 年，法国生物学家阿尔芒·戴维（Fr Jean Pierre Armand David）在宝兴县邓池沟发现了学术界首只活体大熊猫，并将其制作成为标本，送到法国国家博物馆展出，引发了延续至今的全球"熊猫热"。那些原有的极具地方特色的纪念性遗址和场地都受到了来自大地震不同程度的破坏，留下的只是无尽的满目疮痍。

#### （三）建筑损毁程度高，建筑风貌急需重塑

当地建筑形态多为传统的川西民居，现存问题是建筑内部空间潮湿，采光不足，隔音差，通风性能弱。雪山村建筑有木结构、土结构、砖结构和简易的板房四种类型，砖结构房屋居多，都在三层以内，且以一层为主。大地震导致这些建筑消失殆尽，不复存在，村民们遮风避雨的基本场所急切需要得到恢复。在重塑建筑风貌的过程中，既要解决建筑的功能问题，又要注重川西民居的文脉传承。

#### （四）道路系统和供水系统基本瘫痪

由于宝兴县雪山村坐落于山地地区，原有的道路系统并不发达，崎岖复杂的地形导致原有的道路通行空间比较局促，由于缺乏系统规划，部分道路的通达性也存在着一定的缺陷；而雪山村新江组的取水源主要来自离村落不远的西北方向的蓄水池及其附近仅有的几个山泉出水点。然而，无情的大地震对村落原有的道路系统和供水系统带来了毁灭性的打击，严重影响了村民最基本的生活需求。

#### （五）人口结构层次不合理

乡村人口结构层次的合理性对乡村的可持续发展具有重要作用，雪山村新江组的现有人口结构层次不合理，村中的人口构成主要为年迈的老人和留守的儿童，由于全村经济以农业为主，经济发展模式单一，大部分年轻人更愿意外出务工，不愿留在村中靠务农过活。部分年轻村民通过多年在外打拼的积累，逐渐迁往县城单元

楼居住，而老人却对居住多年的老村落具有更加深厚的感情而未迁走，村落成为了名副其实的留守家园。

三、震后村落复兴计划

面对震后村现存的一系列棘手的问题和挑战，重塑村落整体风貌的工作任重而道远，它是一个整体的、综合的、系统的工程，重建过程中既不能单纯解决村民住房的外观形式塑造、内部空间安排和村落建筑的整体布局，也不可简单地恢复村落的基础设施建设，必须顾全大局，整体考虑（图3）。以下是我们对震后雪山村村落风貌重塑的一些思考。

图3 村落复兴的多维思考

（一）明确村落重塑的主题

本次村落复兴计划的核心目标是建立良性自然循环的复合式生态系统，实现人与自然的和谐共生、低碳型经济发展（低耗能、高收益）和多元高效的生态服务功能。"放慢脚步、适意行走"的规划主题强调人的行为和环境的和谐、共生关系，从尊重场地特征的设计视野出发，充分保证重塑的村落空间及其周边场地空间之间的延续性和过渡性，积极利用多元化的艺术设计手法，打造雪山村"秀丽、雅致"的总体风貌，表现秀而雅、雅而舒、舒而安的设计理念，为雪山村灾后重建提供景观生态改造和产业模式复兴的创意与思路。

（二）确立村落复兴计划的原则

1. 生态性原则——以保留原有场地特征不变为前提，强化生态景观理念，进一步丰富景观元素。遵循"尊重利用自然景观，谦让兼顾人文景观，整体归于和谐共生"的设计理念，让新建筑群落遵从于自然形成的空间格局。

2. 传承性原则——文化的存在通常以物质形态为载体，通过物质人们能够解读其中的丰富的文化及所表达的含义。作为拥有200多年历史的古老村落，保留其原有建筑风格、生产习性、村落习俗等，可以让人们更加容易解读其本身的意义。

3. 特色化原则——从村落的文脉和地脉出发，引入文化元素，使方案承载着与雅安地域文化相契合的富有人文气息的现代生活方式，通过建立套种、养殖、运输、销售为一体的全产业链营销模式，呈现出富有人文气息的新型产业模式。

4. 艺术性原则——景观节点布局上配合川西传统民居聚落形式加以考虑，虚实对比，动静结合，符合当地居民的生产生活轨迹，创造出具有地方特色的山水景观序列。运用丰富多样的艺术手法，营造雪山村蓬勃发展的美景。

（三）重塑村落空间格局

1. 总体规划

以尊重场地特征和激活产业模式为基础，充分考虑了场地功能空间的布局。保留原村落建筑聚集区，重新梳理各类型建筑的坐落关系。村落中部区域仍为川西民居风格的村民住宅区和乡村度假区，其间留有可供村民、游人活动的公共交流空间；村落北部区域主要为茶园、果园采摘体验区，充分利用原有场地的土地资源，民俗展示区坐落其间，可以更方便地服务外地游客的观光需求；位于村民聚居区和采摘体验区之间的是极具特色的农作风光区，一大片黄色的"麦田"风

景独好，不仅可以满足一般游客的观赏和农作体验，还可以作为婚纱照的拍摄基地；在村落的南部局部区域，特意保留了一块震后的残景，以此作为村落经历的大事件的遗迹；村落东部为主入口空间，除了考虑基本的停车空间外，没有过多地设置硬化的广场。（图4、图5）

图4 雪山村复兴计划鸟瞰图

图5 心旷神怡的农作体验区

2. 轴线节点设置

根据规划设计，景观轴线纵贯设计区域，保留部分原有植物，并在景观主轴两侧适当植栽，与次要景观轴线互相穿插，形成独具风格的"风光带"。它在空间景观序列上为"一轴多点"——即一条游览景观主轴线将若干景观节点有机地串联起来，形成色彩丰富、节奏明快的生态农业景区。

3. 道路系统设计

村落道路规划布局结合自然地理环境，在满足各个景观节点连接的基础上，积极利用原有道路体系，尽可能减少对原有地貌的破坏，提供满足人们日常生活、游憩娱乐的需求。特殊的自然地理条件和经济文化的差异，决定了设计无法通过扩宽道路面积来适应不断增长的交通需求，道路规划的侧重点为环村公路，结合盘山观景步道为项目布局提供了切实可行的道路形式。

4. 景观视线导向设计

设计希望通过对景观空间导向性的设计方法，加强景观本身的引导作用，弥补景观标识的局限，完善环境景观的导向系统，提高景观的整体性和连续性，增强人在景观空间中的体验，提高人在环境中的安全感和舒适感，创造出富有活力的景观空间。

5. 村落消防安全设计

为保障当地居民以及游客生命财产安全，避免类似"香格里拉"景区火灾惨剧的再次发生，设计遵循国家有关防火规定，积极建立行之有效的防火基础设施体系，确保服务用地消防扑救无死角。受地形条件限制，大型消防车无法进入村落区域，故集中在住宅区和乡村度假区设置多处消防取水点，以供紧急用水。

6. 灯光照明设计

为了在夜晚也能感受轻松、怡人的乡村景观，在不影响基本生活、生产、经营的前提下，夜景照明多为点光源和线光源的辅助照明形式，入口景观区和公共活动空间区域采用重点照明，满足人们在夜间的活动需求。

（四）制定村落产业规划

雪山村震前产业模式非常单一，仅以传统的农业生产为主，极大地限制了全村经济收入的增长。为了持续激发区域的经济活力，不断挖掘当地的潜在价值，进一步优化村落的产业模式，首先要结合当地地形地貌、气候等因素，搭配种植更为高产的经济作物和家禽的立体养殖，其次，根据宝兴县地质情况及发展方向，

可适当考虑石刻、竹雕等旅游纪念品的开发，以及农副产品的加工，严格建立开发监管机制和环保机制。待产业模式成熟后可发展乡村旅游业，将雪山村近100户村民中的25户改造为乡村度假屋，由专业酒店管理团队为核心管理与销售支持，村民自主运营，每户民宅会由居住和酒店客房两部分构成，可考虑不同人口以确保私密性，以及共享空间使游客可以分享当地人的生活乐趣。与常规商业性度假村不同的是，每一户人家都有自己的故事，自己的生活，游客可以获得原汁原味的乡村度假体验。通过产业模式的更新和优化，彻底改变了原有以农业经济为主的单一性。（图6）

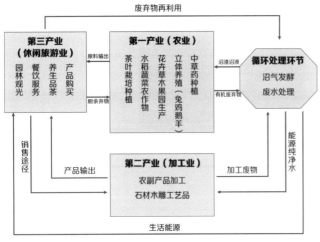

图6 村落产业模式规划图

四、结语

　　"放慢脚步，适意行走"所要表达的是对雪山村风貌重塑的一种美好愿景，更是对"共生"理念的有力回应。这不仅是对来此地旅游观光的游客而言，希望他们能够亲身感受到雪山村在震后欣欣向荣的一面，更希望当地村民，在面对如火如荼的灾后重建的过程中，切勿好高骛远，不要盲目追求不切实际的城市化发展，切勿以破坏生态环境和不可再生资源为代价来发展乡村经济，应时刻保持清醒的意识，以建立良性自然循环的复合式生态系统为核心诉求点，大力发展低碳型乡村经济，积极挖掘原本属于这片土地的潜在价值。希望通过我们对乡村风貌的重塑计划，积极利用当地原生的生态资源，合理将区域的产业模式实现不断优化，协调好人与环境的"共生"关系，最终实现真正意义上的雪山村风貌复兴。

参考文献：

[1] 郝大鹏.为农民而设计——农村住宅规划与设计探索[A].中国美术家协会，为中国而设计——第四届全国环境艺术设计论坛优秀论文集.北京：中国建筑工业出版社，2010.

# 艺术学院背景下的职业化设计教育
## ——以《居住区景观设计》为例

韦爽真 黄红春
四川美术学院 环境艺术设计系

　　摘要：艺术院校为背景的设计教育与职业院校为背景的设计教育在市场的竞争中，相互角力。我们当然清楚艺术化的创造力，但与职业化院校相比较，不得不接受进入市场要先输在起跑线上，而后劲再发力的现实。这确实要引起我们的深思。本文以《居住区景观设计》课程的改革为契机，试图通过和企业联合，借力社会力量改变艺术院校的在职业化进程中的短板，从而更好地在以后的几年发挥艺术院校的优势。使学生更有自信地面对职业生涯。

　　关键词：艺术学院 职业化 景观设计

一、背景

　　随着中国城市化进程的飞速发展，景观设计行业在中国大地上也得到前所未有的发展空间，景观设计教育也因此空前繁荣。从21世纪初到如今，环境艺术设计教育的形式可谓一片大好，先不说全国范围，就以四川美术学院周边兄弟院校的规模简单统计，重大（艺术系与城市规划）、重师（美术系与旅游系）、科院（艺术设计学院）、房地产学院（风景园林与建筑设计）、交通大学（建筑设计系风景园林）、西南大学（园林规划与园艺设计）、第二师范（原重庆教育学院、环境设计系）等等，加上四川美术学院（有设计艺术学院、建筑系、美术教育系、雕塑系、公共艺术学院等五个相关系科），每年新生平均约在3000人左右，这还没有算以重庆大学城市科技学院为代表的二级院校，招生规模也相当惊人。

　　市场无情，面对步入社会以后的专业学子，显然有一个职业化的比拼过程。就上述院校的办学特点与历史来分析，不难看出，办学的层次与宗旨显然是没有在一个层次上的，但基本上都在艺术教育的这条总体轨迹上进行。但是，当学生离开院校的襁褓，离开艺术的象牙塔，面对市场特别是设计职业现场来说，是否就真正如鱼得水，真正能发挥其专业所长呢？很遗憾，答案是否定的。由于身处在艺术院校背景下，拥有在美术基本功、艺术领悟上的先天优势，使教学产生一种"大师心态"的错觉，不落实地、基本技能薄弱等现象比较严重。这使得学生往往在进入职场以后在所谓的"大师心态"的创意长项没有发挥空间而更需要基本的设计生存技能发挥所长的时候凸显了其技能的短板。更暴露出艺术院校在规划、建筑认识上的先天不足，从而在职业生涯的开始造成不小的困扰。一句话，脱离职场、脱离市场、脱离现实的艺术院校教育体制下培养的学生很难在短期适应立足，导致人员自信不足而流失严重，这确实值得我们教育工作者反思。

二、改革

（一）课程目标的改革

1.职业化目标的设定

　　就环境艺术设计而言，我们想找到一个突破口，《住宅小区景观设计》就是基于职业化教育的一次教学改革与尝试。

　　地产十年，也是景观设计的黄金十年，在市场的杠杆下，职业的规范化已经完成甚至已经走向标准。[1]这比国家的相关法律法规还要超前（至今的国家规范版本还停在2003版）。我们想在二年级便带入这样的规范化意识。在艺术院校的学生散漫天马行空的思维里面提前注入这样的规范化意识。了解市场和设计的基本规律，掌握必需的入门常识，这是生存本领，好比游泳，在表演各式花样游泳之前要经过重要的试水培育阶段一样，这门课程的定位就是针对步入专业职场门槛的一门设计基础课程。

在准备课程的时候，我们主要任课老师，有决心改变所谓的艺术化而带来的盲目、散漫。恰好，利用居住区景观与市场密切的关系，可以牵带出一系列的设计专业话题，带动各类市场化、职场化的知识面的铺开。就小区景观设计而言，专业的职业化体现主要体现在：

A. 能对场地的环境进行正确的分析与定位（地形、城市环境、建筑产品）；

B. 能对设计硬性指标正确理解并服从（比如绿化率、健身面积、消防通道与扑救）；

C. 能具备识图读图的本领以及制图的规范（各类线型、标注、图例）；

D. 能对设计概念的进行准确逻辑阐述（定位、定性、定量）；

E. 能根据居住区使用者的需要而不是设计者的主观臆断，进行有效的空间营造（尺度、风格）；

F. 能根据设计准确的表达表现空间的形态（软质、硬质）。

2. 设计过程目标的设定

课程从案例介入开始，始终保持先看作业问题再进行讲课的次序。因为设计的过程，是最好能发现学生理解偏差并针对偏差给出正确引导的契机。从而在内在逻辑的建设上，希望课程能发挥在过程中能不断帮助学生自主的发现场所特质与设计理由的功效。将设计的内在逻辑与课程阶段控制结合起来（表1）。

期间，引导学习自主性的发现问题、分析问题，多给机会发表自己的看法。中期评图的时候，让学生自己评出前5名好作品，从中看到评价标准的建立实际上不是来自于凌驾于个人判断之上，而恰恰是以人共同的对事物基本认识为基础的。这个过程，也是把标准植入学生心里，相互碰撞中认识真理的过程。（图1，学生评图，建立标准；图2，教师评图，深化方案）参照国内权威的设计流程，我们的创新点便在启发性思维的开发上。[2]

图1 学生评图，建立标准　　图2 教师评图，深化方案

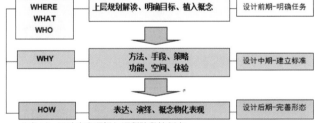

（表1）设计内在逻辑与课程阶段控制表

3. 成果目标的设定

在作业成果方面，和以往这个课程有很大不同，出于对职业化目标的设定，本次课程一律的图纸要求按照国家标准图样（《06SJ805建筑场地园林景观设计深度及图样》）进行。在满足《图样》的前提下，再作设计的拓展。并且，所有图纸与文本必须以打印成果为基准。

从文本构成（表2）看到的设计成果目标在极力向职场化市场化靠拢。虽然，对比之前作业的可变性和弹性，大家都有一些不适应，但这样做的价值，对于艺术院校的学生来说颇有价值，大家感受到设计的约束性体现在设计前、设计中、设计后的方方面面。但就打印的总平面图，好些同学都有4次以上的打图经历。说实话，让他们体会设计的"夹磨"，正是打造他们的过程，正是磨石成玉的过程。

| （表2） 《居住区景观设计》作业文本构成（A3图幅文本） |
| --- |
| 1、封面：文本名称：XXXX居住区景观方案设计 |
| 2、目录：标注页码 |
| 3、设计说明（请参照附件"国家标准图集"） |
| 4、设计图纸 |
| 4.1：规划设计<br>① 现状图纸（原规划建筑设计总平面图CAD, A3图幅）<br>② 总平面CAD图（比例1：500-1：1000, 图幅可加大，制图规范请参照附件"国家标准图集"）<br>③ 总平面彩图（A2图幅，PS或手绘后排版标注、打印）<br>④ 功能分区图（彩色，A3）<br>⑤ 种植设计分析图（彩色，A3）<br>⑥ 主要植物示意图（彩色，A3）<br>⑦ 道路规划图（小区&建筑出入口、消防车道、人行通道、标高、 A3）<br>⑧ 景观结构图（点线面、景观轴等图示符号语言、 A3）<br>⑨ 竖向设计（场地设计标高、水面水底标高、建筑标高、 A3） |
| 4.2：局部设计（3个节点以上）<br>每个节点包含：<br>① 局部空间平面图：（彩色，PS或CAD打印后手绘扫描，A3图幅，区位\尺度与材质标注\标高\植物\可附加网格尺度\比例与图名）<br>② 局部空间剖、立面图：（彩色，PS或手绘后扫描，A3图幅，剖切位置\纵深立面\水平立面\空间与尺度标注\标高3种\比例与图名）<br>③ 局部空间透视图或效果图 |
| 4.3：专项设计<br>① 家具（设施、垃圾桶、座椅等）选样<br>② 灯具选样<br>③ 地铺选样<br>④ 植物选择 |

（二）课程内容的改革

1. 组织教学课程群

课程内容主要体现在设计中各个环节的相互配合，特别是针对住宅小区设计而言的硬质景观与软质景观的协调上。《植栽设计》是景观设计学习中非常重要的课程，但在教学中容易就单一技能进行阐述而缺乏和项目方案联合，进行应用的实践。本次课程在内容上就创造了这样的机会，让《植栽设计》课程穿插进入《住宅小区景观设计》。让后者成为主干课程，而前者成为配合课程，组建景观设计方向的第一个课程群。这样不仅能够针对项目、配合方案有针对性的应用，同时也解放了同学在单一技能上重复完成作业的时间。

2. 前序课程的应用

对于环境设计大二分了专业方向以后，居住区景观设计作为景观设计专业方向的第一个类型化设计是一场综合练兵。如果这一仗打得好的话，后面城市广场景观设计、公园景观规划与设计、城市风貌等课程将会走得更高更远。然而，这个课程本身的综合性也是对前序课程的一次大检验。

作为专业基础，和《居住区景观设计》密切相关的前序课程有建筑工程制图、建筑设计、场地规划、手绘表现、设计思维表达这四门课程。其中，建筑工程制图与场地规划是关键。当然，手绘的技能和思维分析解读能力也会作为工具得到应用。

3. 审图流程的穿插

尊重居住区景观设计的基本规律，特别是硬质景观（规划）与软质景观（绿化）之间不可分割的关系，与植栽设计课程相结合，在作业的过程中，相互提供技术支持，而改变以往课程辅导单行线的模式，改进为双行线的平行模式。让学生不仅及时得到更加专业的辅导，也能及时的应用植栽专项设计，对于方案的推进与完善都是特别有益的。两个课程相互穿插的时间进程如下表（表3）

（表3）课程穿插时间进程

考察解读 → 概念设计 → 功能定位 → 植栽规划
↓
完成表现 → 深入细节 → 植栽设计 → 空间深化

共同参与　　景观设计　　植栽设计

**（三）教学形式的改革**

既然课程设定目标之一是要加强职业化程度，那么，尽量发挥战斗在第一线也是职业化程度最高的设计机构的作用就是顺理成章的事情了。

重庆最大的景观设计公司的金点园林景观设计，这次作为课程的合作方得到我们的邀请。非常感谢的是，与我们课程只要求一位植栽设计师的规模相比，金典园林自发组织了8位设计师参与其中。不仅有植栽设计师，也有方案设计师、项目经理、海归人士等，项目经理亲自挂帅，在繁忙的公司事务中脱离出来，给予大力的支持。（图3、图4 金点园林景观设计师评图）

图3 金点园林景观设计师评图　　图4 金点园林景观设计师评图

在这个过程中，设计师不仅参与授课，还参与改图与评图。从中体现出的设计师的严密、对设计条件的理性的提高都对学生产生了良好的影响，让学生们看到，真实的设计状态，要考虑的方方面面等。最终，金典园林还将这次课程作业表现优异的学生选拔为公司的实习生，这是更让课程锦上添花了的。

事实上，从国外设计教学的诸多模式我们都可以看出，也不难预测，在不远的未来，学校必然要走向联合社会办学之路，这对于教学资源平台的挖掘、知识面的拓展、技能的职业化、就业实习都是大有神益的。这也是我们课程中不小的收获了。

**三、总结**

连续七周的战斗终于暂告一段落，学生们已早早地在做暑期的各项安排。但作为教学组织者的我们，在面对学生们的一大叠作业的时候，也是在沉甸甸的收获的时候，不禁又引发另一个层面的思考。

作为艺术院校背景，我们的优势到底是什么？是职业化在前还是艺术化在前？学生的宝贵的闪光点我们怎么对待和挖掘？怎样传递设计的生命力和内在的张力而不是疲于流程化的过程？作为艺术院校的学生，怎样引导市场而不是跟随市场呢？如果说设计教育是一片汪洋，那么我们要登上怎样的航空母舰才能驶得更远？

这些问题确实更有价值更值得我们三思而后行。但愿我们的下一个课程能找到更准确的答案。

参考文献：

[1]《国际新景观》 江西科学技术出版社 2015年三四月合刊 第7页

[2]《建筑初步》 中国建工出版社 清华大学 田学哲 郭旭 主编 第89页

作者简介

韦爽真，四川美术学院设计艺术学院环境艺术设计系，讲师，旅法访问学者 景观设计专业。

黄红春，四川美术学院设计艺术学院环境艺术设计系，讲师，旅意访问学者 景观设计专业。

# 羌族传统聚落保护与旅游开发

刘宜晋

四川音乐学院美术学院

摘要：从理论层面上分析传统聚落具有的景观形态作为其是否具有旅游开发价值的论证，避免旅游开发项目的盲目上马，损坏其原来具有的良好的景观性。力图在传统聚落的保护与发展中寻求一种平衡模式，获得较好的开发方式，使传统聚落既能获得保护又能可持续发展。

关键词：羌族 传统聚落 景观 保护与发展

**一、城市化背景下羌族传统聚落发展存在的问题**

**（一）传统聚落物质空间的衰败**

羌族传统聚落以它们整体的风貌体现其历史文化价值，展示某一历史时期的典型景观特色，具有极高的文化和艺术价值。但随着我国经济与社会的空前发展，城市化现象正以极快的速度改变着城市的面貌，各地的传统聚落也面临巨大的冲击，丧失原有特色，最终导致传统聚落逐渐衰败。

**（二）传统文化出现断层**

羌族传统聚落自形成至今已有上千年的历史，具有独特的历史和文化。随着对外联系的增加，现代传媒的普及，使羌族传统民族文化受到影响和冲击，世界文化趋同性现象也越来越明显。面对强势外来文化的冲击，新一代的羌人更愿意接受外来文化，并忽略本民族文化，如此长久以往，羌族的传统文化必面临消失的严重问题。

**（三）经济结构单一，经济水平低下**

岷江流域羌族地区主要的经济来源，主要是农作物种植与养殖业。农业在当地人们的经济生产中占主导地位，主要进行农业生产和经济果木的栽培。

岷江流域的羌寨多位于高山峡谷中，可用作耕地的土地并不多，加上土壤与气候等原因，农作物收成并不理想，使得羌族地区的收入水平明显比国内其他地区的收入水平低。

**二、旅游业为羌族传统聚落景观的保护与发展提供了机会**

**（一）促进羌族聚落景观形态的保护与更新**

旅游开发可以促进传统聚落景观形态的保护与更新，可以改善现有村寨的基础设施，并运用旅游开发的收入提高当地居民的生活质量，使当地居民从中受益。同时通过旅游开发增加当地居民的参与性、认同感和自主性，促进当地羌族人民更好地维护自己民族特有的聚落景观，从而吸引更多的外来游客，形成一种良性循环。

**（二）有利于羌族传统文化的继承与发扬**

羌族传统聚落是特有的少数民族历史文化遗产，无论其选址、布局和构成，单体建筑空间等，无不体现出传统民居生态、形态、情感的有机统一，体现着特有人文景观风貌。而吸引消费者的也正是羌族特有的自然人文景观。

旅游业的发展促进当地经济的发展，积极利用旅游业带来的经济优势为文化服务，把传统文化所蕴含的资源优势转化为产业优势，有利于促进羌族传统文化的继承与发扬。

**（三）有利于改善现有单一经济结构**

发展民族地区经济，确立经济发展战略方针要因地制宜，根据羌族地区的自然环境，自然资源，人文背景来制定恰当的经济发展方式。

旅游资源的优势是羌族地区发展经济改变现有单一经济模式的一条很好途径。羌族地区的旅游资源十分丰富，利用这些丰富的资源，发展投资少、效益高的民族旅游业，有利于调整产业结构，拓宽就业门路。

### 三、羌族传统聚落旅游开发带来的问题

#### （一）对自然环境系统的干扰

长期以来，人们以为旅游是"无烟"工业，不会污染环境，但在现实中，许多旅游区环境严重污染、生态系统失调，为了发展旅游，挖山填河，毁田砍树的现象随处可见。传统聚落是人与自然环境有机结合的产物，自然环境是传统聚落赖以生存的基石，如遭受破坏显然与可持续发展相悖。

#### （二）对人工环境系统的干扰

羌族传统聚落的人工环境系统包括民居、公共建筑、公共设施等，它们既是羌族历史文化信息的载体，也是旅游开发中最重要的景观资源，然而在旅游开发中往往是被干扰最大的。

在旅游区建设中没有经过认真规划，没有表现出对传统聚落的尊重，许多乱建、乱折、乱改等许多破坏传统人工环境的现象随处可见，成为其原有的传统聚落景观中的败笔。

#### （三）对社会环境系统的干扰

社会环境系统包括居民及其社会组织结构、经济水平、民族文化等。旅游业的发展会导致以往相对封闭的传统聚落在观念上、意识形态上的急剧变化，由于旅游带来商品经济的冲击，外来旅游者带来新的思想观念，都使原有的传统文化遭受到外来强势文化的撞击，会使羌族地区的民俗风情出现同化、汉化现象，其原有的浓郁的民俗化风格特征逐渐淡化，甚至消失。

#### （四）走可持续发展的保护与开发之路

旅游开发给传统聚落在社会、经济等方面带来繁荣景象，提高当地居民的生活水平，但同时也会给环境、文化、风俗等方面带来一定的负面影响，对传统聚落的保护和当地旅游业的进一步发展极为不利。因此，羌族传统聚落的旅游开发要考虑可持续发展，坚持聚落的整体保护与有机更新，控制环境容量与游人密度，有效地处理发展与保护之间的矛盾。在旅游开发中必须坚持"保护第一，开发第二"的原则，要从积极的保护观念出发，以开发来促进保护，促进当地经济的发展，形成一种良性的循环机制。因此可以说羌族传统聚落的保护与开发是相辅相成的，将二者有机结合，才能使羌族传统聚落焕发出新的活力。

参考文献：

[1] 王晓阳、赵之枫.传统乡土聚落的旅游转型.建筑学报,2001,9.

[2] 刘源、李晓峰.旅游开发与传统聚落保护的现状与思考.新建筑,2003,2.

[3] 吕舟.面向新世纪的中国文化遗产保护.建筑学报,2001,3.

[4] 陈志华.关于楠溪江古村落保护问题的信.建筑学报,2001,11.

[5] 吴晓勤.世界文化遗产、皖南古村落规划保护方案保护方法研究 第1版.北京:中国建筑工业出版社,2002.

[6] 陆志钢.江南水乡历史城镇保护与发展 第1版.南京:东南大学出版社,2001.

作者简介

刘宜晋，1976年生，四川美术学院建筑艺术系景观规划与设计专业硕士，四川音乐学院成都美术学院环境艺术系专任教师。

# 图书馆藏书区设计研究

周鲁然

重庆文理学院.美术与设计学院.设计系

摘要：图书馆是存放书籍资料、提供阅读、学习的地方，而馆藏书籍资源是图书馆的核心，故藏书区在图书馆中占很大比重，设计出合适的藏书区就成了图书馆中最重要的环节。本文对藏书区空间配置及设计进行了分析，希望为设计高效率同类型空间提供参考。

关键字：藏书区 空间 设计

图书馆藏书空间从希腊时期亚历山大图书馆中的独立房间一路发展到现在大型图书馆的现代化藏书空间，经历了多个时代的演变。在科技高速发展的今天，设计图书馆藏书区必须功能重于形式，图书馆的藏书区设计应注重空间配置、书架排列、书架尺寸和人体工程学来体现以人为本的理念。

### 一、藏书区空间配置

图书馆藏书的方式分为开架与闭架，开架主要收藏最新、参考性强以及常用的书籍，通常设置在接近阅览空间的地方；闭架通常收藏流动率低或经典书籍仅能允许图书馆员取放馆藏资料，能收藏大量的书籍并做有效的保存，通常具有独立的空间。图书馆若以开架式藏书为主体，将各空间构造形成一体的处理方式，在整体构成上会增加自由度，并且容易应对将来的变更。藏书区的位置影响着图书馆的效率，必须让读者能容易拿到想要的书籍，而常见的藏书区的配置有以下几种：

（1）将藏书区集中管理成一个区域，此种配置方式必须注意藏书区与阅览室的楼层高和楼层数必须互相配合，要使多数的阅览层和藏书区连通，以方便馆员和读者取书。

（2）将藏书区集中放置于阅览室的中间，此种配置方式容易造成不良的通风和采光效果，必须透过设计的手法做改善。

（3）垂直的配置方式，将藏书区置于图书馆的上下，此种配置方法在书籍管理和借阅上必须仰赖大量的建筑设备和机械做垂直性的联系。

图1 藏书区集中在一个区域

图2 藏书区在阅览室中间

图3 藏书区置于图书馆的上下

以上几种配置方式虽不尽相同，但应该依据图书馆的性质和规模选择适当的配置方式。而对于图书馆设计来说，不管何种配置方式，都必须满足读者取书迅速便利和馆员管理方便的条件。

二、藏书区的设计应用

图书馆的规模是由藏书规模和阅览座位数量来决定的，而藏书区规模是由藏书量来决定：藏书量在10万册以下的为小型藏书区；藏书量在10万册到50万册的为中型藏书区；藏书量在50万册到200万册的为大型藏书区；藏书量在200万册以上的为超大型藏书区。藏书区的设计应该要满足提书距离短和造价经济的要求。取书距离会影响读者的借书意愿进而影响到藏书区的使用效率。

1. 书架排列

不止藏书区的平面配置宽度和长度会影响提书的效率，藏书区的开间、进深和层高均会影响藏书区的效率与经济性。藏书区的开间：藏书区的开间取决于书架中距，一般来说开间为书架中距的倍数，开间越大，收藏能力越高。藏书区进深：进深影响空间的通风与采光，当藏书区为单面采光时进深不超过8000~9000mm，双面采光则进深不超过16000~18000mm。

书架的排列是藏书区设计的依据，藏书区的开间、进深、平面布置尺寸都会影响到藏书区的使用率。书架一般的排列方式有三种：

（1）单面排列：常沿着墙壁排列，书架的容书量少，藏书区使用不经济，常布置于阅览室，供读者自己取阅书籍。

（2）双面排列：两书架并排布置，如同联合两座单面书架而成，容量大，两面取书较为方便，而且库内面积使用也较经济。

（3）密集式排列：最主要而明显的特点是节省藏书空间。它将前后书架紧密的放置在一起，由轨道来移动书架，节省了书架前后的走道空间，使得在有限的空间内可以放置较多的书籍资料。由于书架间的密集靠拢，也使它可以妥善保护书籍。书架排列设计时应该要注意书架中距，也就是两书架的中心距离，其距离亦包括走道的距离，标准双面书架宽度为400~440mm，标准单面书架为200~220mm；开架藏书区书架间走道的净宽通常设为1000mm，故书架中距通常取1500mm为基本参考尺寸。

2. 书架

书架，又称书柜，是图书馆家具的一种。书架的基本单元组成为单面书架、双面书架和书架搁板。为了适用各种收藏的书型，现代图书馆会采用活动搁板，以作适当的调整来符合藏书书型，一面有搁板的称为单面书架，书架的宽度为220~250mm，两面的则为双面书架，其宽度为440~500mm，两端支柱和中间搁板所产生空间称为书格，书格的高度必须是藏书的书型和种类而订，通常常用的尺寸为280~330mm。书架的标准尺寸，书架的高度和格数必须由收藏的书型和内容来定，通常开架书库的书架分格为6格，闭架书库的书架则以是7格为主，书架的总高度一般为2100~2200mm。

图书馆中的书架可以依照材质分成木质书架和金属制书架，木质书架材料，包括由实木板、复合板等经加工组合成形。图书馆常用形式为直立式。底座倾斜式L形书架，乃方便读者取阅图书，具有不同规格的类型。很少有图书馆完全采用木质书架，通常会根据不同空间机能所需之不同氛围适时的使用，因为木质书架能给空间带来亲切的气氛；金属制书架比木质书架来的轻巧，而且比较起来，比较节省空间，也不容易受到季节的影响。

3. 藏书区的人体工程学

人体工程学系指研究人体活动与空间之间的正确合理关系，以求人在空间中最有效率的生活机能表现。人体尺度及活动能力有一定的极限，无论是站立、坐下、平卧、举手和跨步等都有一定的方式与范围。室内人体工程学不但要注意年龄、性别、个性、体质、体型、智能及习惯等个人或民族性的差异，更要和温湿度等物理条件加以配合，才能真正做好室内空间计划，满足机能的最大需求。

图书馆开架藏书区是提供读者可以自由取书的空间，而藏书区空间的安排和布置也影响人们的知觉和行为，故空间的配置和家具的设计都应该要符合人体活动，家具安排可使人产生开阔或挤压的感觉。家具设施为人所使用，因此它们的形体、尺度必须以人体尺度为主要依据。根据不同的书架间行进净宽度，能容纳各种不同的读者活动，读者会在藏书区通道中作短暂的停留，可能是找书或是随手翻书，所以书架中距为1400mm时，走道净宽为1000mm，可以容纳一人半蹲找书或是一人捧书阅读。书架中距通常取1500mm为基本参考尺寸，走道净宽为1100mm时可容纳两位读者错身，故书架净宽1000~1100mm为最适当的宽度。同样的书架的高度也必须依照人体尺度及活动能力来制定，使用图书馆的年龄层不同，依据放置不同种类书籍的藏书区也有相对应的书架高度，以因应不同身高的使用者，像儿童与青少年藏书区里书架的高度和一般开架藏书区里的书架高度而有所不同，例如以1200mm高的儿童而言，因儿童的活动能力有限，故书架最高设为1400mm，青少年（1600mm）使用的书架，最高则设为1800mm。以普通人为基准，书架最佳高度为1700~1900cm，此高度范围方便读者和馆员取书和找书，如大型图书馆为了收藏的目的而将书架高度提高以增加容书量，则必须设有活动梯或双层梯来辅助读者作业。

三、结语

藏书区空间是以书为主体的空间，依不同类型的图书馆，藏书区空间在图书馆中的定位也不尽相同，以书籍保存为主的图书馆，在藏书区空间设计多考量如何能达到书籍保护的功能。而以提供读者利用为主的图书馆，在藏书区空间部分除了要注重书籍的保护外，在空间的安排上必须符合人体的活动，充足的书架走道宽度和符合人体尺度的书架能让读者在找书和选书的过程中感受不到空间的压迫感，书架安排若符合读者的习惯或是找书逻辑，会使读者找到所需图书的时间大大缩短。虽然藏书区设计对于阅读的影响较小，但却是营造良好图书馆环境所不能缺少的重要环节。

参考文献：

[1] 迈克尔·J·克罗斯比. 现代图书馆建筑 [M]. 大连：大连理工大学出版社，2005.

[2] 付瑶. 图书馆建筑设计 [M]. 北京：中国建筑工业出版社，2007.

[3] 李婵. 图书馆 [M] 辽宁科学技术出版社，2011.

# 基于文化视角下的
# 川南泸县龙脑桥形态探讨

田勇、唐毅

四川音乐学院美术学院 环境艺术系

摘要：龙脑桥位于泸县西北面，泸隆公路四十五公里右侧的九曲溪河上。造型雄伟，雕凿精细，形态逼真。建造距今已有约六百年的历史，保存完好，是四川境内罕见的明代大型石雕龙桥，具有鲜明的地方特色和重要的文物价值。本文从其建筑形态和文化艺术方面进行一定的探索，希望能为建筑和雕刻艺术领域提供研究素材，为保护历史文物，合理利用民俗文化及旅游资源等方面提供参考价值。

关键词：龙脑桥 石雕 工艺 艺术价值

## 一、泸县龙桥概况

### （一）泸县龙桥修建背景

泸县古称江阳，地处川东南，隶属泸州市，距今已有两千一百多年的历史。在泸县，除了闻名遐迩的南宋墓石刻群、明代石窟艺术和非物质文化遗产雨坛彩龙外，还有让人叹为观止的龙桥群。据历史文献记载，泸县龙桥最辉煌的时期达到429座，而据不完全统计，现今保存下来大大小小、形态各异的龙桥约140多座。这些龙桥雕刻精美，就像一颗颗璀璨的明珠，点缀在泸县大地。

泸县龙桥在一个相对集中的地域内广泛分布，其数量繁多、雕刻精美，桥梁建筑与龙雕造型构成了极具艺术感染力的和谐之美。泸县龙桥的龙雕技艺，是中国石刻艺术、美术和龙文化历史传承与发展的重要历史遗存，也是极具地域特色的历史文化遗产，对研究泸县乃至全国民俗文化的产生与发展具有不可估量的作用。以石刻龙雕装饰桥梁为特征的泸县石刻龙桥群，具有独特的艺术价值、科学价值和历史价值，开创了中国桥梁装饰史之另一先河，为研究中国雕刻艺术史，中国桥梁装饰史等提供了非常丰富的重要的实物资料。

### （二）泸县龙桥的形式与特征

据资料考证，泸县的龙桥最早建造时间是在北宋治平年间，明、清时期达到鼎盛。到民国时期乃至现代，该地区仍延续着建桥雕龙的风俗。泸县龙桥主要分为官桥和民桥两类，其中官桥是由官方主持、民间参与建造的，这类桥主要建造在官道所跨经的主要河流上，规模较大；而民桥则是由民间募资进行建造的，一般建造在乡道等必经的溪流之上，规模较小。

泸县龙桥的形制大小与地形及河溪大小密切相关，绝大多数为平梁式石板桥，极少部分为石拱桥。龙桥最长的达到100余米，宽约10米，最短的则仅有长1米左右，宽约0.4米。泸县龙桥区别于其他地区古桥的最显著特征就是每桥必有龙雕。几乎所有的龙桥桥墩上都会雕刻各种祥瑞之兽，石雕的头部一般都朝向河流上游，而尾部则在下游一端。龙桥石雕多为圆雕，其中龙雕最多，桥上的龙雕数量和形体大小都是因桥而定，大桥可以多达18个龙雕，小桥最少也有1个龙雕。至今保存完好的龙桥还有41座，龙雕304个。

## 二、龙脑桥的基础资料研究

龙脑桥位于泸县大田乡龙华村的九曲河上，这里山青水秀，良田万亩，风景宜人，然而溪流在这里转了一个大弯，阻断了河岸两边居民的交流。之所以选择此处建桥，是因为这里河床质地较硬，水面较为狭窄，水流较为平缓，处于附近村落的下游处，为建桥提供了良好的自然条件，同时更是为了解决周边居民的交通出行问题。龙脑桥为南北走向，桥的北岸为小山丘，地势较高，而南岸为农田，地势较为平缓，如图1。

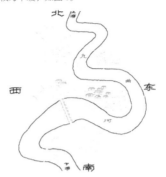

图1 龙脑桥平面布局图

据相关文献记载，此地因河中有一天然石形态似龙，而取名龙脑石。后建龙脑寺，故建桥雕龙名为龙脑桥。龙脑桥是泸县龙桥的典型代表之一，是中国最大的平梁式龙雕石板桥，建造于明代洪武年间，历经六百年的风雨沧桑，其形制规模都未曾改变，至今保存十分完整，在我国古桥中极为罕见，如图2。早在乾隆四十三年（1778年）就"钦命永宁道泸州以北九十华里九曲河龙脑桥予以保护"，而现在龙脑桥已是全国重点文物保护单位。

图2 龙脑桥

## 三、龙脑桥的形制及工艺特征

龙脑桥是中国古代桥梁罕见之作，其建造工程浩大，建造技术高超、雕刻精美绝伦、造型生动别致、工艺精湛、艺术品位高，在建筑艺术和技术上具有较高的研究价值。国家文物局专家组组长、著名古建专家罗哲文先生曾把龙脑桥誉为"神州第二桥"，他这样评价龙脑桥："气势磅礴、雄伟壮观、深厚刚毅、比例匀称、工细规整、造型别致、逼真生动，国内罕见"。龙脑桥是一座集建筑造型和石雕艺术于一体的古石桥，是泸县龙桥群中保护最为完整、规模最大的桥梁建筑，也是具有典型地域特征的民俗文化遗存，为研究泸县龙桥群的建筑形制和石雕艺术价值提供了极为重要的实物资料。

### （一）建筑形制及工艺解析

中国古代桥梁分为悬索桥、石拱桥、梁板桥三种类型。龙脑桥属于梁板桥，也就是平梁式龙雕石板桥。据相关文献记载，龙脑桥两端各有古亭一座，但未保存下来，但桥的主体部分保存完好。桥整体呈"一"字形，简洁大方、造型优美。其桥身长54米，桥面宽1.9米，桥面距离河床最低点高约5.3米（原高4米，1990年对龙脑桥进行修缮，为加强其泄洪能力而将桥整体升高了1.3米），距离常年水位约2米。桥面是由30块石梁板平铺而成，每块长3.70米、宽0.95米、厚0.60米，重约6吨，如图3。每段桥面由两块石梁板平行并排放置在桥墩槽口内，桥面不仅平整，而且不会左右滑动，稳定性强。龙脑桥桥身一共有12桥墩（不含桥头堡），13桥孔，每个桥墩是由重约6.8吨的条石垒砌而成，重约27.2吨，再加上桥身梁板的重量，桥身每单元自己重量约超过30吨。

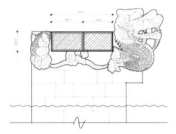

图3 龙脑桥断面图

桥南北两端头的前两座桥墩均为素面无雕刻，而中间八座桥墩则采用圆雕形式雕刻着八尊古代神兽像，其雕琢精美、气宇轩昂，堪称中国桥梁石雕艺术一绝。桥墩首朝东（即上游），凿有分水，以杀水势。石墩均采用整石雕刻，其中两端头的麒麟头部分别重5.5吨和4.4吨；青狮头部重4.2吨；白象头部重4.4吨；两侧龙头分别重5.6吨和5.8吨；中间龙头重6.3吨，龙王头则重达7.5吨。

龙脑桥为平梁式石板桥，既未采用榫卯衔接，也未采用石灰或糯米浆粘接填缝，全靠桥体自身重量相互垒砌承托，以及各构件之间的结合面凿刻粗糙纹路以增强摩擦力，让桥体坚韧牢固。龙脑桥建造时采用的石质甚佳，均为当地的灰砂岩，经历了六百多年的风雨及人行车马通过，桥身依然完好，并无太大磨损，桥墩基础也无沉降情况，说明了桥的设计科学严谨、施工工艺精湛，堪称中国古代建筑史上的精品。

（二）石雕形制及工艺解析

龙脑桥除了具有鲜明的建筑特点外，最能体现其文化艺术价值的还得是桥墩上精美的石雕艺术。桥的中间八座桥墩由北向南分别雕刻着麒麟、青狮、四龙、白象四种中国古代传统文化里的灵兽。四龙居中，两旁分别为青狮、白象，两端为麒麟。这些雕刻形象生动，龙头兽头迎着水流的方向雄踞桥墩之上、上侧露头、下侧现尾，张牙伏爪，依次排列，倒映水中，气势磅礴，极为壮观。以下对八座石雕进行详细解析，见表1。

四龙，中间四个桥墩上各雕刻一条巨龙，它们的体量巨大，高出其他灵兽，脚踏祥云欲飞欲动。龙头高昂，气宇轩昂，从鼻尖到额眉的每一处褶皱，那突出圆润的眼珠，无不生动而饱满，起风时，龙鼻还会发出响声；龙角龙耳，线条优美流畅；甚至龙脑后的鬃毛，都可细数出来；龙的口中衔有"龙珠"，重约30公斤，采用镂空雕刻技术从整体石料上凿雕而成，滚动自如，却不会掉出；龙须清晰可见，像一圈燃烧的火焰；龙鳞一行行、一片片整齐划一的排列在优美曲线的龙身上；龙身周围点缀着线条优美表面圆润的云纹，仿佛飞龙在天。其中靠中间的一条龙的龙头上刻有"王"字，突显其特殊身份。而四条巨龙，各自特点显著，没有完全相同之处，即便是龙耳、龙须、龙鳞甚至龙身上的祥云，也是各具变化的。

青狮，则一改传统石刻狮子威严凶猛的形象，张口含笑，显得如此温驯。从其所处桥的位置和脚踩绣球，可判断其为雄狮。狮头雕刻圆润，鬃毛清晰可见，呈小卷曲状，眼、耳、鼻、眉的线条明快，清晰流畅，看上去惟妙惟肖。

白象，象鼻卷曲，饮水河中，长牙上翘，大耳下垂，神态自若，给人以安详、宁静之感。象体雕刻厚重，独具匠心，轮廓线条简练明晰。在龙脑桥上雕刻白象，也是其独特之处，赋予了桥吉祥之意。

麒麟，两只麒麟分别卧于桥最两端，其张口怒目，口衔绶带，舌头上翘，凶猛威武，火焰纹腿匍匐踞桥墩之上。麒麟头部圆润饱满，身上鳞甲雕刻精致有力。其脚呈牛蹄形，一只麒麟脚踏兵书，另外一只则脚踏宝剑，雄姿勃勃，气势昂然。

桥上石雕的工艺和技巧十分娴熟，继承和发展了秦汉和唐宋的石刻工艺传统，采用圆雕和镂空技法，风格上写实与夸张结合，粗犷中突显细腻，大气中不失简约。八座石雕浑厚刚毅，精巧规整，比例匀称，造型生动，细部加工处理上同样一丝不苟，精美绝伦。如此巨大比例形象的龙、兽群雕，如此精美的桥梁石刻艺术，在全国古桥中，确属罕见。特别是保存如此完好，更是难得。

龙脑桥石雕解析 表一

| 序号 | 1 | 2 | 3 | 4 |
|---|---|---|---|---|
| 名称 | 龙（北） | 龙王 | 龙 | 龙（南） |
| 现状照片 | | | | |
| 石雕图案 | | | | |
| 序号 | 5 | 6 | 7 | 8 |
| 名称 | 麒麟（北） | 青狮 | 白象 | 麒麟（南） |
| 现状照片 | | | | |
| 石雕图案 | | | | |

四、龙脑桥的文化与艺术价值

龙脑桥所在的泸县被称为"中国龙文化之乡"，其龙文化源远流长，内容丰富，除了龙舞、龙雕之外，这里还被称之为"龙桥之乡"，如图4。保存下来的众多龙桥具有极高的文化和艺术价值，其中以龙脑桥最为突出。

图4 龙脑桥上的雨坛彩龙

龙脑桥之所以成为中国第一平梁式石板桥，是因为它摆脱了梁板桥建筑历史上单调枯乏的状况，将石雕艺术融入桥梁建造里，是桥梁建筑史上一个划时代的建筑作品。作为全国重点文物保护单位，龙脑桥除了具有极高的历史、科学价值外，还蕴涵着重要的文化与艺术价值。

（一）龙脑桥的实用艺术趣向

与我国其他地区形形色色的古桥建造不同，龙脑桥的装饰艺术造型风格充满更为灵动和立体的具象特征，由于采用圆雕手段造型，各个神兽的形态恍若现实生灵，呼之欲出；艺术趣向以高度"意象"的写真手法体现出龙文化的精神特质和形式美感。除了工艺精湛，手法高妙的雕塑技术外，"瑞兽"的表情和形态处理神态各异，惟妙惟肖，充分体现当地民间手工艺的卓尔不凡和艺匠的智慧才情。这种栩栩如生的灵兽表现仿佛为世俗生活架设了可触摸的精神寄许，使人们在自然和社会的美好祈愿中为身心安顿找到了更为具体的形象承托。

（二）龙脑桥的文化艺术启示

龙脑桥开启了平梁式石板桥艺术化建筑风格的先河，而且一开始就达到了高峰水平，是中国古代桥梁建筑从简单实用走向艺术浮华，而又不脱离实用价值的开山杰作，是古代中国以文化表达为主、兼具实用价值的首屈一指的文化型桥梁，丰富和发展了中国桥梁文化。它把人们日常的交通道路变成了艺术桥梁和具有显著地域性的文化鉴赏桥梁。龙脑桥集石刻艺术造型、科学施工建造、社会变迁气象于一体，具有深刻的时代内涵和地域文化特性。在建筑史上，龙脑桥为桥梁从单纯的道路交通工具进入欣赏性的道路文化阶段树立了标杆。这种意义不在桥本身，而在桥蕴涵的文化意义和艺术价值。

结语

在现代化发展的今天，我们身边的桥梁发生着巨大的变化，跨度越来越大，桥面越来越宽，科技感越来越强。但龙脑桥在我们心目中仍然是一块瑰宝，散发着雄浑魅力和无限光彩，我们可以从它所散发出来文化气息中汲取设计灵感，激发内心世界，希望能在建筑桥梁文化方面继往开来，树立新丰碑，超越古代桥梁文化构思，达到桥梁建筑新境界。

参考文献：

[1] 泸县文化体育广播电影电视局编．泸县文化 [M].

[2] 万幼楠．桥、牌坊 [M].上海：上海人民美术出版社，1996.

[3] 泸州百科全书 [M].

[4] 戴志坚．福建廊桥的形态与文化研究 [J].南方建筑，2012,6.

# 浅析美国华盛顿州西雅图杰弗逊公园的永续设计

刘益

四川音乐学院 成都美术学院 环艺系

摘要：公园是现代都市中不可或缺的绿色公共空间。文章通过对都市公园与永续设计的研究，明确永续设计在都市公园中的作用及其对营造健康都市生态系统的重要意义，并将位于美国华盛顿州西雅图市的杰弗逊公园作为案例，研究该公园在改扩建工程中呈现的永续设计理念和方法，分析杰弗逊公园对西雅图都市生态系统的积极影响，借以促进永续设计在我国都市公园中的应用。

关键词：都市公园 永续设计 杰弗逊公园

都市化所带来的诸多问题使都市生态环境承受着巨大的压力，并迫使人类寻求解决这些问题的方法，于是对永续设计的研究及实践应运而生。美国华盛顿州的西雅图市是全美应用永续设计的先驱城市之一。近几年来，许多永续设计项目相继出现在西雅图的街道、开放空间和社区之中。2012 年完工的杰弗逊公园改扩建工程（Jefferson Park Expansion）便是将永续设计理念与都市公园相结合的优秀案例。该公园不仅为市民提供了远离喧嚣、清新宁静的公共休闲空间，还为大量的都市生物保留了赖以生存的栖息地，扩展了自身在社会、经济和生态方面的效益。

一、都市公园与永续设计

100 多年前，现代景观设计学奠基人奥姆斯特德（Frederick Law Olmsted）提出在都市兴建公园的伟大构想，并与沃克 (Calvert Vaux) 共同设计了位于纽约曼哈顿岛的第一个现代都市公园——纽约中央公园（Central Park, 1857），为身处世界最大都市的居民提供了休闲、娱乐、游览、交往、健身以及举办各类集体聚会的场所。今天，都市人口的膨胀、资源与能源的匮乏和生态环境的恶化促使公园设计者寻求一举多得的解决办法。于是，一种以经济、社会及生态学三者永续经营为主旨的设计方法被应用于都市公园的设计之中。永续设计与都市公园的结合延续了奥姆斯特德对都市公园构想，增强了公园的自我组织及维护能力，为都市公园的发展带来了新的契机。

西雅图是美国西北部太平洋沿岸最大的城市，也是著名的绿色城市，被誉为"翡翠之城"。在市长尼克（Greg Nickel）的支持下，西雅图公园与康乐局（Seattle Parks and Recreation）一直致力于永续设计在都市空间中的研究和实践，位于碧肯山（Beacon Hill）的杰弗逊公园便是其中的杰出案例。

二、杰弗逊公园概况

1898 年，西雅图市政府买下面积为 235 英亩（约 0.95 平方公里）的杰弗逊公园地块，计划将它从传染病隔离医院改建为蓄水池和公共墓地。五年后，奥姆斯特德兄弟景观公司（Olmsted Brother）把杰弗逊公园地块纳入西雅图公园体系（Seattle's Park System），并对其进行了详细设计。1908 年，市政府将公园命名为杰弗逊公园以纪念美国第三任总统托马斯·杰弗逊。此后，奥姆斯特德兄弟景观公司在公园内设计的 18 洞高尔夫球场于 1915 年建成并向公众开放[1]。在碧肯山社区议会的支持下，杰弗逊公园还建造了社区中心及各类运动场地，一度成为使用率很高的都市公园。

第二次世界大战期间，美国军队将杰弗逊公园征用为士兵娱乐及健身中心，并在公园内搭建供士兵及家属居住的帐篷。战后，公园虽恢复了曾经的使用功能，但原有的公园空间逐渐被公园南侧的老兵医院和西北侧的两个蓄水池所占据。此时的杰弗逊公园大部分空间被铁丝围栏封闭，公园也未得到积极的维护和发展。直至20世纪90年代末，在碧肯山社区议会向西雅图市议会提交的邻里发展计划中，杰弗逊公园才再一次成为发展和改造的优选地块。在碧肯山社区议会及居民、西雅图公园与康乐局、西雅图公务局（Seattle Public Utilities）以及伯格合营公司（The Berger Partnership）的共同努力下，耗资800万美元的杰弗逊公园改扩建项目于2012年竣工。该项目不仅回归了奥姆斯特德兄弟对杰弗逊公园服务市民休闲、娱乐生活的初衷，还通过扩展土地功能，优化都市区域水文、生产清洁能源以及开辟社区农场，将公园景观设计与永续设计巧妙结合，为构建永续的都市公园提供了宝贵的借鉴经验。

三、杰弗逊公园的永续设计

（一）建在蓄水池顶盖的都市公园

为满足市民的饮用水需求，西雅图公务局相继建造了10个开放型蓄水池，分别位于西雅图市内的各个社区。自从美国遭受"9·11"恐怖袭击后，公务局便将确保市民饮用水安全及保证水体质量作为蓄水池建设的首要目标。2004年，西雅图市议会通过公务局的地下蓄水池计划，同意公务局将大部分开放型蓄水池改建为地下蓄水池，阻断可能发生的饮用水安全问题。依照计划，包括碧肯山蓄水池在内的5个蓄水池将于2013年之前被改建为地下蓄水池[2]。与此同时，人口增长给都市带来的压力促使西雅图公园与康乐局积极寻找增建开放空间的地块，以便提供更多的市民休闲、娱乐和游憩场所。经过研究和讨论，西雅图公园与康乐局及公务局决定将地下蓄水池顶盖作为建造都市公园的新地块。据测算，公务局的地下蓄水池将为公园与康乐局提供76英亩（约31万平方米）的公园基地。

而杰弗逊公园正是一个利用碧肯山蓄水池顶盖作为基地进行改扩建的都市公园。对于居住在碧肯山社区的居民而言，杰弗逊公园的开放，使曾经贫穷的多种族混居社区拥有了和其他社区类似、甚至更好的聚会、交友、运动、休闲和观景场所。而对西雅图公园与康乐局而言，杰弗逊公园则在维护城市公用设施的基础上，通过扩展土地功能巧妙地解决了如何运用有限的资金在土地资源稀缺的都市中增建开放空间的问题，并为都市公园的选址提出了一条崭新的思路。

（二）优化都市区域水文

根据西雅图市区的流域分布图，杰弗逊公园所在的碧肯山位于杜瓦密西河流域（Duwamish River Watershed）。该河的河湾及湿地是众多生物尤其是三文鱼和鳟鱼的重要栖息地[3]。但近年的检测报告表明，流域内未经处理便排入杜瓦密西河的雨水是造成水体污染及河流生物体内重金属含量超标的主要原因之一。为保护都市动物及河川的健康，杰弗逊公园的设计团队决定采用现代雨水径流管理技术，力图使雨水在排入杜瓦密西河之前得到净化。为此，设计团队在地势低洼的运动草地四周设置多个雨水引流槽和收集装置，将雨水引入位于运动草地与野餐草坪之间的两个雨水花园，利用耐水湿植物和土壤对重金属及化学污染物的吸附能力净化雨水。

此外，为节约水资源，西雅图公园与康乐局建议市内各大公园采用适合各年龄段儿童游玩的喷泉乐园或浅水池取代耗水量大的游泳池。在这一背景下，设计团队在杰弗逊公园内设置了拥有水体再循环和过滤系统的喷泉乐园[4]。喷出的水经儿童的游玩后被收集进入水体再循环系统，经过过滤器泵入喷泉乐园南部的水箱中，然后由地下滴灌系统慢慢地释放到雨水花园中进行处理，并通过植物的蒸腾作用和地下水的补充使喷水乐园的水重新回到自然界的水循环中，在一定程度上优化了都市区域水文。

（三）可售卖的永续能源

2008年，美国能源部将西雅图列为全美25个太阳能城市[5]，并创建社区太阳能计划（Solar in Action: Challenges and Successes on the Path toward a Solar-Powered Community）。但是，由于不具备太阳能发电的理想气候（西雅图每年阴天数平均为226天），大部分市民对西雅图的社区太阳能项目并不感兴趣。为了让市民了解西雅图的太阳能发电潜力，城市电力部于2011年选择正在改扩建的杰弗逊公园作为首个社区太阳能发电项目的实施基地。经过和西雅图公园与康乐局的合作，城市电力部在公园内修建了三个新的野餐亭，并将太阳能电池板安装在野餐亭的顶部。为增加发电量，喷水乐园南侧的眺望亭顶部也安装了太阳能电池板。据估计，杰弗逊公园内的太阳能电池板每年可生产2.4万千瓦时清洁的永续能源。这些电力可以满足3个美国家庭的全年用电量。

同时，城市电力部将公园内的太阳能电池板视为发电厂的一部分进行运营。这些太阳能装置被均分为500份（每份每年可生产约50千瓦时的电量），所有客户都被邀请以600美元的价格购买每份太阳能装置在2020年6月之前生产的所有电量，并由此成为西雅图社区太阳能项目的创始成员。城市电力部也将把创始成员名字永久的刻到杰弗逊公园内的社区太阳能发电项目的场地，以鼓励更多的社区居民和参观者接受这类清洁的永续能源，推动社区太阳能发电项目在西雅图地区的发展。

（四）公园里的社区农场

1973年，西雅图第一个社区农场——皮卡德农场（Picardo Farm）在韦奇伍德社区（Wedgwood Neighborhood）建成，成为都市中兼顾社会、经济及生态效益的永续空间。此后，西雅图社区管理局（Seattle Department of Neighborhoods）和名为P-Patch Trust的非营利组织合作，在西雅图的各个社区内相继开辟了75个社区农场，杰弗逊公园内的碧肯山社区农场便是其一。

负责设计该农场的哈里森设计公司（Harrison Design）以促进多种族社区邻里交往及增强永续设计的应用为目标，在日照时数和地形坡度都相对适宜的公园西南角设计了面积为7英亩（约2.8万平方米）的碧肯山社区农场。该农场模拟林地生态系统，营造包括果树、葡萄、甜菜等在内的乔木、灌木及草本植物的丰富群落结构，为都市本土动物提供了多元的栖息地。而居民则通过种植和养护农场植物增进了各种族之间的文化交流，也使得部分低收入者获得了额外的食物来源和收入。碧肯山社区农场具备社会、经济和生态功能，为杰弗逊公园的永续发展注入活力。

四、结语

百年过后，由奥姆斯特德兄弟景观公司设计的杰弗逊公园，在永续设计理念的应用下再次焕发生机。改扩建后的杰弗逊公园不仅增加了西雅图的绿色空间面积，还为碧肯山的居民提供了休闲娱乐的场所。而其优秀的永续设计更保护了西雅图的生态环境，促进了公众生态教育的普及，对永续设计在西雅图地区的推广意义重大。

参考文献：

[1] Tobin C, Beacon Hill Historic Context Statement [R].Washington, Seattle, 2001.

[2] Seattle Public Utilities, The Underground Reservoir and Open Space Programs [R].Washington, Seattle, 2010.

[3] Seattle Parks and Recreation. Jefferson Park Site Planning[R].Washington, Seattle, 2001.

[4] The Portico Group. Jefferson Park Site Planning Report [R].Washington, Seattle, 2001.

[5] U.S. Department of Energy. Challenges and Successes on the Path toward a Solar-Powered Community [R]. Washington D.C, 2011.

# 从地域视角探寻景观桥梁的形态设计
## ——以西南地区为例

龙国跃、但婷

四川美术学院、重庆三峡学院

摘要：景观桥梁是城市的象征和城市文化的重要载体，近年来随着我国城市化进程的发展各种形态各异的桥梁也越来越多的出现在我们的生活里，本文以西南地区景观桥梁建设实践案例为依据，通过研究地域文化在景观桥梁设计中的运用以及在注重文化创意的艺术设计方法，突出城市的历史文化内涵、个性与独特魅力，以期能够在景观桥梁中继承和弘扬中国传统地域文化。

关键词：文化 景观桥梁 形态设计 西南地区 继承和弘扬中国传统地域文化

引言

景观桥梁是指能够唤起人们的美感、具有一定的感官效果和审美价值、与桥体周边的环境共同构成景观的桥梁，既可观、又可游，有较高的艺术观赏价值。

景观桥梁通常是反应所处地区的历史、文化和建设风貌，是所处地区的象征和地域文化的重要载体，同时也是城市景观重要的构成因素之一。但近年来，随着我国城市建设的迅猛发展和城市规模的不断扩大，各种形态各异的桥梁也越来越多地出现在我们的生活里，在这样一种大背景下很多景观桥梁在设计上逐渐缺乏对地域性的尊重，缺乏特色、文化和生态因素。创建既能与现代生活气息相适应而又具有地域文化精神的景观桥梁，已成为一个迫切需要解决的问题。

## 1 地域性景观桥梁

以特定地方的特定自然因素为基础，辅以特定人文因素为特色的景观性桥梁建筑，我们称其为地域性景观桥梁。

地域性景观桥梁应该是地域文化的结晶，是地域文化在物理环境和空间形态的表现形式。地域文化和地域性景观桥梁之间存在着相互促进的作用，它们也就是在这种作用的推动下，不断地演变和发展。地域性景观桥梁建成之后，就会对居住在当地的人们，特别是他们的行为、心理、思想和生活等方面产生一定的影响，并且本土地域文化也会在它的促进中不断地改造、更新和发展，从而逐渐孕育出新的文化系统。同样，在新的地域文化的驱使下，又会产生出新的地域性建筑。

地域性景观桥梁不仅要满足其所处的地区社会功能的要求，也需体现人的精神需求，如审美情趣、意识形态、伦理道德、生活行为风格和社会心理需求等。

因此，在景观桥梁的地域性创意过程中，可从以下两点着手：

### 1.1 追求经济和生态价值的地域性

传统的景观桥梁具有极大的适应性，无论是在经济、技术还是生态等方面，其中蕴藏的地域性元素必然十分的丰富，认识和挖掘这些地域性元素，具有重大的现实意义。

### 1.2 追求当地文化价值的地方性

对景观桥梁地域性中精神文化价值的探求，更多是在形式的层次上展开，以某种文化表意为出发点，通常是以符号或象征为手段。

通过对地域性景观桥梁的形态设计方法的研究，我们希望寻求一条适用于未来的景观桥梁建设的发展道路，以体现个性的文化内涵和外延的历史文脉，继承和发扬中国传统地域文化。下面以昆明市盘龙江景观桥梁概念设计和四川南充城市主干道人行天桥景观设计这两个具体项目的实践案例，来阐述地域性景观桥梁的形态设计方法。

## 2 模仿与再现

### 2.1 概念

模仿与再现的方法就是通过借鉴景观桥梁设计的原型，然后以此实现对原型符号的直观表达。这种设计的方法真实地表达客观对象的原型，大多是比较具象，表达的意思明确，容易与观赏者或是使用者发生对话和沟通交流。

泰州鼓楼大桥（图1）是一座多功能景观桥梁，它借鉴了民族建筑文化，再现了中国古典建筑的形式，这在国内同类桥梁史上是第一座。

图1 泰州鼓楼大桥

### 2.2 实践案例1——"版纳景真"主题景观桥梁

云南民族建筑具有原生性，主要是因为各方面的原因而使得云南比较原始的民族民居和宗教建筑保留着原生态的建筑形式。直到现在，我们还能在云南的很多地方看到一些建于各个时期，形式各异的民居建筑。

怎样把具有原生性的云南民族建筑特点运用到景观桥梁设计中，是我们在具体设计实践中需要思考的问题。

图2 "版纳景真"主题景观桥梁效果图

"版纳景真"（图2）作为云南民族建筑原生性的代表，展示了云南特有的民族建筑形式——曼飞龙塔（图3）和景真八角楼（图4），这两种建筑都蕴涵着云南悠久历史与民族文化的特点，再现了云南的传统建筑。桥梁中部由两座已简化的景真八角楼构成，既具有观赏性，又有休憩的功能，桥体的四周运用曼飞龙塔的造型设计出独具特色的灯柱，增添了该景观桥的细节，充分将民族建筑的原生性展示在桥梁上。

图3 曼飞龙塔　　图4 景真八角楼

## 3 隐喻与象征

### 3.1 概念

隐喻是指运用非直接的手法来表达事物。隐喻的设计方法需要经过长时间的反复推敲，才能注意和感悟到其中的寓意，而可能无法让人们的内心立即产生共鸣。一般情况下，隐喻可以分为表现型隐喻、表征性隐喻和转换性隐喻。

象征的设计方法，就是对某种特定的背景提炼和解放出来的代表某种特定意义的思想情感或是抽象概念，以具体的事物表达出来。

通过隐喻或象征的手法，可以使景观桥梁具有"叙事性"，不单只是具有审美特点。

重庆鹅岭公园有一座十分精巧别致的绳桥，原名漪玕桥（图5）。别具一格的榕湖绳桥，其实并非绳索桥，而是用石材雕琢绳状的双拱桥。桥墩和桥面不平行对称，拱孔形状各异，跨度大小不一，桥面弯曲有如S形，在我国石拱桥建筑上绝无仅有。

图5 重庆鹅岭公园的漪玕桥

### 3.2 实践案例2——"孔雀开屏"主题景观桥梁

在此次方案设计中，我们针对盘龙江上的每一座桥都设立了各自的主题，并且特点都非常鲜明，不管是在造型处理上，还是在材料的色彩搭配上都经过了仔细的推敲，并呼应对应的主题，让每一座桥都能展示云南独特的民族风景。成为一张张与众不同的城市明信片。

图6 "孔雀开屏"主题景观桥梁效果图

"孔雀开屏"（图6）作为云南特有的明信片，将云南独有的孔雀（图7）作为桥梁的设计元素。孔雀被誉为"百鸟之王"，而云南被誉为"孔雀之乡"。以孔雀作为设计来源，不仅有强的地域性，突出了云南特色，而且孔雀所蕴含的吉祥、美丽之意恰恰突出了云南这块独具魅力的城市特点，极具亲和力。整座桥放眼望去，犹如一群华美的孔雀轻捷地立于碧波水岸之中，象征高贵、自信，令人浮想联翩。

图7 孔雀开屏

### 3.3 实践案例3——"盾甲印象"（图8）主题景观天桥

该项目地处滨江大道，紧靠达成铁路。本着现代、本土、亲民的设计需求，本项目的设计理念从传统出发，达到弘扬文化的宗旨。本设计的意象取自三国中的战甲，以它潇洒的曲线、坚实的钢盔为设计元素，充分体现三国的艺术魅力。（图9）

图8 "盾甲印象"主题景观天桥

桥体玻璃为三国人像的剪纸的形状，做成的雕花玻璃。既与主题呼应，又增加了细节。

图9 细部处理

## 4 抽象与变形

### 4.1 概念

抽象与变形的设计手法是通过点线面等基本的造型元素进行重组，将景观桥梁的设计原型经过大胆、夸张的变形，彻底改变原型的真实形象，反映出事物的本质与内在结构。这种设计手法，用在观赏性较强的景观桥梁设计上比较多，因为它突破设计原型在人们脑中固有的景象，使设计对象再生。

图10 西班牙阿拉密洛大桥

西班牙阿拉密洛大桥（图10）是世界上最雅观的桥梁之一，整座大桥远观犹如一把竖琴，优雅美观。正是运用了抽象的手法设计使得景观桥梁更加漂亮，可以吸引人们有观赏的兴趣，和其他形式相比较，这种设计手法起到了事半功倍的效果。

### 4.2 实践案例1——"民族盛汇"主题景观桥梁

云南的民族建筑丰富多彩、建筑结构各异，因此为我们在设计上的元素提取提供了更加广阔的空间。云南民族传统木结构（图11）有五种，即穿斗、抬梁、井干、人字木屋架，密梁平顶。

民族建筑结构、装饰在桥型设计上的重新运用，赋予了桥梁新的意义，并使其具有鲜明的民族个性。

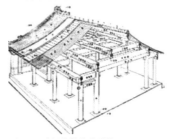

图11 云南民族传统木结构

"民族盛汇"（图12）作为元素提取的代表作，它吸纳了当地传统民居的精髓，通过将传统屋架的抽象、衍生，运用于桥体设计中。展现独有的韵味。另外，作为中国最多的少数民族聚居地，提取这一设计元素运用在栏杆漏窗的设计上，再加上具有民族特色的图案铺地（图13），展示了多民族的和谐与共生，更将桥体作为传播民族文化知识（图14）的载体。

图12 "民族盛汇"主题景观桥梁效果图

图13 铁艺图案和铺地

图14 云南民族符号

### 4.3 实践案例2——"城墙怀古"主题景观天桥

南充历史悠久，是一座拥有2200多年建城历史的历史文化名城，南充是"三国文化"的源头和发源地。本设计的意象取自三国中的城墙元素，充分体现三国南充的艺术魅力（图15）。

图15 "城墙怀古"主题景观天桥

本设计方案以三国时期古城墙为设计的来源，运用现代的材料如钢铁与玻璃及现代构筑方法。主题切合南充的发展历史与城市文化。充分展示南充"三国文化之源"的深厚内涵与璀璨的文化特色。（图16）

图16 细部处理

## 5 对比与融合

### 5.1 概念

对比是通过将两个事物或是事物的两个方面放在一起，且它们具有鲜明对立特征，最终让使用者自己从材料的肌理、工艺、意境、造型、质感、色彩、题材等方面来做对比，然后进行选择和判断。

景观桥梁可以利用对比的手法将现代材料、建造技术与传统的材料、构造和布局的方法结合，使其在冲突中得到融合。

图17 天津永乐桥摩天轮

其实，对比也是另外一种方式的协调。对比使得作品更具有活力和张力，它可以更好地融合新的技术手段与新的美学元素，从而反映区域文化的地方材料和传统元素。对比与融合的手法，能够使景观桥梁在矛盾与统一中达到共生。

天津之眼，即天津永乐桥摩天轮（图17），是世界上唯一建在桥上的摩天轮，原型的摩天轮与三角形的受力构件形成了曲线与直线的强烈对比，整座桥体恢宏大气，其巧夺天工和奇思妙想确实是当之无愧的"世界第一"。

### 5.2 实践案例——"林荫长廊"主题景观桥梁

"林荫长廊"（图18）运用的是现代材料与自然形态的对比，以达到与环境的对话与融合。设计的灵感取自于树枝，以它潇洒的线条、枝干的穿插的形状为设计元素，充分体现昆明文化的生态魅力。

图18 "林荫长廊"主题景观桥梁效果图

整个桥体主要运用了清水混凝土、玻璃以及钢铁等现代的材料，使桥更加轻盈和现代，桥的整体色调简单、淡雅。玻璃廊架由树枝形的钢架结构组合成随机拼花的图案，斜挑的拼花支架组成自然一体大块的玻璃拼花。通过阳光的照射，映射在地面上的绚丽多彩的色块，给人身处花丛中的感觉，形成该桥一道亮丽的风景线。

## 6 结语

通过本课题的研究取得的一些成果，希望可以作为景观桥梁设计未来探索的依据，并提供有效的指导，也有助于准确把握城市地域文化的特性和功能结构，可使得相应的城市空间形态具有多样性和完整性。

在当今"千城一面"的城市空间中，为了挖掘城市的文化内涵、彰显个性与独特魅力，从地域视角来探寻景观桥梁的形态设计，是必不可少的。如何体现具有个性的文化内涵和外延的历史文脉，继承和弘扬中国传统地域文化，具有地域文化特色的景观桥梁设计如何应用以及用何种手法表达，是值得当今设计师思考的问题和必须承担的社会责任。

# 当下室内设计发展趋势探微

许亮、舒闻洋
四川美术学院

摘要：经历了工业革命、电气革命，我们进入了信息化社会，呈现纷繁复杂的社会形态，人们的消费观价值观发生了翻天覆地的变化，21世纪是一个信息多元的世纪，因此，设计出现新的趋势是社会价值和人们必然的诉求。本课题组一直致力于当代设计前沿的动向思索、捕捉与研究，这里呈现的是近年来具有代表性、新生性的空间设计项目与作品，以点概面，借此带来近未来室内设计发展趋势的思考与辨析。其中包括设计手段与生活多元融合；消失的界限，固有原则下的不固定变化；互联网背景下的多媒体互动体验空间；新材料赋予有限空间的无限演绎；装置艺术下的空间新风貌；人文情怀与场域精神的交融等领域。仅以此话题共勉。

关键词：室内设计 发展趋势

室内设计发展趋势

## （一）设计手段与生活的多元融合

随着人们经济条件的提高，大家对生活环境有了愈加严苛的要求，不仅要求有合乎情理的功能，同时也有对美和情感表达的渴求。消费观抛弃了以前追求繁复华贵之风，着重于简洁易得，更新换代迅速的方式，轻装修重装饰的手法，促使了一种新的表现手法，以情态化视觉图形的表现手段来装饰空间，它的核心思想是设计手法与生活的多元融合之空间视觉图形化。如：加拿大艺术家 Jon Rafman 打造的名画空间。

图1 Jon Rafman 的名画空间

社会物质的丰富促使人们注重符合自己审美的视觉领域、其空间、虚实、色彩都是主人对自己的总结。图形化也是对主人意识的一种展现，是区别于其他、体现自我的手段。这种多元化的表现手法也是现代社会多元发展的一种体现，必是将来的一种发展趋向。

## （二）消失的界限，固有原则下的不固定变化

室内设计是精神与物质的桥梁，通过设计希望能与环境产生更多的共鸣。然而工业的高速发展带来了经济的繁荣，但同时也带来了全球范围的生态环境破坏。在20世纪80年代人们逐渐觉醒环境意识，开始回归自然，人们也提出了"3R"原则，进行环境资源的保护，在室内设计里，也趋向于更流动的分割方式，给人们更多的开敞空间，流入更多的阳光，绿植和空气，直到如今，消失界限，迎接自然的作品仍旧不断面世，这一系列的作品基本都秉承打破界限，完善对自然的述求，在固有原则下追求不固定的变化。而这一理念必然是将来趋势之一。如：菲律宾的瀑布餐厅设置在一座小型瀑布下，客人用餐时可以感受到水从脚下流过，而厨房也搬到了瀑布之下。

图2 菲律宾的瀑布餐厅

消失的界限带给人们的是更加亲近自然，拥抱身心的生活，而这也很好的控制了项目成本，污染，能源消耗等，找到一种经济实用与精神追求的平衡，另外，很多开放式设计空间也体现了当地的风景民俗，更易受人青睐，在文化延续上也是重要的一种手段，可见，消失界限，在固有原则下追求不固定变化在将来必将占有一席之地。

## （三）互联网背景下的多媒体互动体验空间

信息社会对人们的冲击不可谓不大，其涉及范围广泛，影响非常深远。互联网背景下也出现了互动多媒体的概念。互动多媒体具有更强的实时互动性，这些互动技术打破了常规设计方式，多媒体以其集成性、实时性、交互性、动态性等特点成为了新的设计手段，并且创造了新的审美体验，同时大众对空间的多样性、交互性和丰富性的需求也得以满足，此外，空间结合了新兴科技与时代审美特征后，其独特性和新颖性也会创造出更多的社会效益和经济效益，所以，在空间中引用多媒体互动体验空间的概念必将会是趋势所向。互动多媒体也已出现很多分支，如：多点触屏系统、电子沙盘系统、互动投影系统等。这方面的技术已经发展较为成熟，在科技馆一类的场所，这类技术使用特别多。如：在德国的德意志银行的展厅里面就运用了大量的互动技术。

图3 德意志银行的互动展厅

互联网背景下多媒体发展势头劲猛，已经广泛深入人们生活的各方面，堪称一场技术与艺术的革命，为现在的设计注入了新的活力，也很好的诠释了多媒体在现代信息社会的地位，其新奇性，娱乐性和互动性也会是以后设计所依赖的重要手段之一，由此可见，在发达的互联网背景之下，多媒体互动式的体验空间将是近未来设计的发展趋势之一。

## （四）新材料赋予有限空间的无限演绎

新材料是指新近发展的或正在研发的、性能超群的一些材料，具有比传统材料更为优异的性能。在建材领域，极力推崇绿色生态设计，人们开始追求简单自然，渴求更多的绿植，阳光，空气和再生性。 在这种追求之下，各大机构开始大力研发新型的自然材料。设计的方向也开始使用新材料构建全新的空间。引领大众全新的审美潮流。如：近年来出现了透光混凝土。目前有两大类，一类是有匈牙利公司研发的光纤类透光混凝土材料，另一类是由意大利水泥集团开发的树脂类透光混凝土。如下图所示。

高速发展的LED技术也是改变我们生活环境的又一种利器，譬如，在飞机场或酒店空间中的飞利浦LED地毯，其概念就是将LED嵌入地毯中，起视线导视的功效。如：在伦敦大奥蒙德街的一所儿童医院，设计师将医院的一整个立面装上了互动LED壁纸。当墙纸被人触碰时，便会随机的出现马，刺猬等动物的动画。

在陈设家居上还出现了一款以再生为特点的灯,这款灯的灯罩是用植物纤维和工业废料混合制成,在其中加入可食用菌丝,让这款灯成为了一款绿色再生的产品。如下图所示。

图 4 透光混凝土　　图 5 伦敦大奥蒙德街儿童医院　图 6 废料菌丝灯

这一系列的新材料和新工艺带给空间设计更广阔的想象空间,同时,新材料给予社会新的价值导向和审美体验,更新人们对材料的想象和运用,且其低能耗,环保,能给人们健康的生活环境的特点也会推进其发展,可见,新材料带给空间设计的改变在未来势必会越演越烈,对新材料使用的趋势也会越来越显著。

（五）装置艺术下的空间新风貌

在生活物质非常丰富的今天,人们对传统装饰的喜爱程度不如从前,经历了现代主义的洗礼之后,千篇一律,大同小异的传统方式令人疲倦不堪。人们需要一种能冲击视觉,反传统的激烈手段来达到人们物产丰富后的精神刺激。最近的一些室内设计作品里面出现了很多跨界的元素,其中,装置艺术是被设计师门广泛运用的手段之一。装置艺术,是指艺术家在特定的时空环境里,将人类日常生活中的物质文化实体有选择的利用、改造、组合,以令其演绎出新的精神文化意蕴的艺术形态。其区别于既有的陈设艺术的特点在于独特性,时空性,互动性,另外其颠覆传统,成为视觉焦点的构成方法使其成为将来室内设计手段的必然原因。如:在纽约的一个以"绽放的花朵"为主题的鞋廊。在其室内设计时就植入了装置,半透明的花冠悬挂于顶棚上,花冠垂吊而下分隔出各种空间,让人们穿梭其中。

图 7 "绽放的花朵"鞋廊

在装置艺术中最鲜明的一个特点是装置艺术是无法复制的,装置艺术是每个艺术家所表达的某种感情媒介,具有独特性。装置艺术的表达方式往往令人意想不到,具有新奇性。最后装置艺术具有时空性,装置艺术是在特定时间和环境里面的艺术表达。陈设艺术与装置艺术相比,有很大的异同。陈设艺术是指在室内设计的过程中,设计者根据环境特点、功能需求、审美要求、工艺特点等因素,精心设计出高舒适度、高艺术境界、高品位的理想环境的艺术。装置艺术范畴不仅仅是更大,且具有的时空性和独特性也是陈设艺术中所没有的。

装置艺术下的空间展现了全新的风貌,这一类的表现手法现今已经发展到了空间设计的各个方面,涉及了酒店、商场、餐饮、家居环境,甚至室外环境中,这一设计手段是更新空间风貌上有不可多得的独特优势,引领大众开始关注与之生活有关的艺术,并有别于陈设艺术,其与空间的全新融合让空间精神完全的包围人们,更新人们的审美方向,相信这种新的设计手段会成为以后室内设计的一种新趋势。

（六）人文情怀与场域精神的交融

室内空间是人们接触最为频繁密切的地方,在追求物质化的今天,对于空间场所蕴含的人文环境缺乏认同感和存在感,这种环境中存在的精神认同感是复杂人性的根本之一,与各个地方人们的心理特征,意识形态,人格结构等有紧密的联系,而现在的人们开始追求符合"以人为本"的设计观念,期望能找回赖以生存的精神土壤和对本民族的认同,所以,设计师们通过从世界各地挖掘民族符号和文化精神,以此方式构建一个有精神内涵的秩序空间。

在室内设计中所涉及的人文情怀,更多的是追求本民族的精神象征。场域精神所指是更深层次的民族精神,是其精神所体现的艺术,建筑,设计等方面的传承。如:西班牙的卡米亚斯主教大学对其研究生楼也做了改造。从构件到空间布局,没做大的改变,而是在其基础上进行改进和发展。

图 8 卡米亚斯主教大学研究生楼

场域精神赋予了每个地方独特的品性,突出的是以人为本,越来越多的作品承载了主人对空间的认同感,其对空间的感悟积淀成了场域精神的一种传承,表现了各区域地方人们对空间土壤的依赖和渴望,并且这种对场域,对空间的精神追求越来越热烈,带来的社会影响和价值导向也意义深远,因此,回归场域精神,融汇了人文特征将是未来室内设计的重要趋势之一。

室内设计的展望

室内设计在新时期的 30 余年发展中,已经出现了很多不可思议的现象,这些现象包含了各个方面,从色彩的选用,设计的手法,场所的认同感等等都有体现,每一项都已经发展到了一定的高度,在未来的设计进程中必然会出现更多的特色及流派分支。室内设计不再单纯的是一项关于物质的物理过程,更需要设计师去赋予其空间与人的联系感。充分的理解生活,把握设计趋势,在未来的设计道路上就会进射出更多的火花。而我们也应该站在一个更高的角度上去理解设计,应用设计,做出对环境友善,对文化友好的作品,将人与环境的关系发展到一个新的交互高度。

参考文献:

[1] 贺万里 . 中国当代装置艺术史 [M]. 上海 : 上海书画出版社 ,2008.

[2] 李悦 郭慧 . 透光混凝土的研究进展 [J]. 混凝土 .2013.

[3] 童强 . 空间哲学 [M]. 北京 : 北京大学出版社 .2011.

[4] （美）约翰波特曼 . 共享空间 [J]. 建筑学报 .1980.

[5] 吕品秀 . 现代西方审美意识与室内设计风格研究 [D].[ 博士学位论文 ]. 上海 . 同济大学 .2007.

# 渔与鱼
## ——用"引导"取代"满足"去创新

申明
四川音乐学院美术学院

摘要：室内设从理念、方法、运作上都要紧随时代，寻求突破和创新，而主动和灵活的设计方略是实现突破和创新的切入点和手段。过去在室内设计中所主导的"满足需求"的理念有极大的局限性，因此"引导需求"成为必然。

"鱼"和"渔"的关系实质上是现实需求和潜在需求的关系。用"引导"取代"满足"去创新，是为了设计出不仅满足当下需求的人居空间，还要引导人们以更合理的方式，更愉悦的心情去生活！

关键词：室内设计 需求 满足 引导

现在我们处于一个多元多变的时代。信息改变了我们对世界的认识；传媒改变了我们了解和认知事物的途径；科技改变了我们的生活行为和方式。社会在改变，我们也在改变，那么，与社会生活紧密相关的室内设计又该作何改变呢？时代在进步，一成不变的事物是不存在的。室内设计无论从理念、方法、运作上都要紧随时代，本文以室内设计的功能为基点去谈变革。

一、需求内涵的扩延

需——就是需要，求——即是欲求。

从字面上看"需要"这个单词应该隐含有物质的获得和心理愿望的获得两层意思在其中。

过去我们最常见的关于室内设计与市场关系的表述就是：满足需求，通常情况下指的是"满足使用者需求"。很显然，过去我们一直倡导的"满足需求"的语境更多是从使用者出发的，这本身没有问题。在今天，"需求"一词的内涵是有必要扩延的。

室内设计的行为是传统的。我在这里主要强调的是获取"需求"途径的传统：也就是说从获取"需求"的途径来看，我们一直认为消费者调研是正轨，而调研的所谓正轨往往又是通过问卷、专访等形式去完成。

然而，处于今天的调研也有几许尴尬：调研对象的真实性如何，调研对象的客观性如何，调研对象对待调研的态度和投入状态怎样，调研数据的可信度怎样……甚有的时候，我们还会用所谓的消费者调研的数据和结果来搪塞自身工作的不足和错误。

这些都引发我们的思考：对于"需求"的由来，我们沿用至今、一贯式的消费者调研能够真的体现需求吗？究竟应该跟着消费者去应对他们的适时需求，还是脱胎换骨般的从理念上变革去应对他们的未来需求？我们的调研信息所反映的诉求真是他们的"满足"点吗？

我们需要反思：对于需求的由来，是否应该转换获取需求的途径。对于需求的掌控，是否应该考量设计的可持续发展。对于满足需求，是否应考虑重设"满足"点，变被动适应为主动创造，那就是"引导需求"！

二、授人以鱼不如以渔予人

这源于一句古语："授人以鱼不如授人以渔"。原意是讲暂时的帮助人解决食物问题，不如传授给人生活和生存的方式。现在我把这句话做了一点变化，成

了"受人以鱼不如以渔予人"。

"鱼"和"渔"的关系实质上是现实需求和潜在需求的关系。名词属性的"鱼"可以表示为消费者的现实需求，而动词属性的"渔"则表示的是我们给消费者制造的他们所想要的，也就是他们的潜在需求。

显然，这涉及我们应该更关注什么？是给消费者自己想要的，还是给消费者制造一个他们想要的。是去满足他们现实的需求，还是让他们去接受创新的内容从而引发他们潜在的需求。

古人讲"授人以鱼不如授人以渔"，受人以鱼是给温饱，授人以渔是给方法。今天我讲受人以鱼是去"满足需求"，而渔予人则是去"引导需求"。

赖特设计的流水别墅之所以成为经典关键就在于使用需要的引导上。他对开敞式平面布局的开创性应用，对表达材料本性的极大关注和对自然的崇敬，让乡间别墅的使用方式和空间体验有了完全不同诠释。赖特几乎预见了统领20世纪建筑的所有关键性问题。

图1 流水别墅室内外空间

与其被动地从消费者或使用者那里去获取他们"需求"的信息，并且遵从这些信息，（请注意这些信息还可能是片面的、不完整的甚至可能是不真实的），还要刻意地去达成"满足需求"，不采取更主动、更灵活的"引导需求"去达成"满足"。因此，我说："满足需求"不如"引导需求"！

1. "满足需求"有局限性，而"引导需求"则有无尽的拓展性

前面我曾提出关于消费者对于"需求"的真正认识度有多少的设问，请仔细想想，过去我们依靠调研获取的信息去设计设定"满足需求"尺度，消费者在未见过和未使用过的前提下能够提出他们的"需求"吗？提出的"需求"价值又有多大？这难道还不值得我们往下深究吗？

如果我们把自己都限定在所谓"调研获取的信息"中，这种"满足需求"的行为必然是一种被动的行为；这一状态下的设计也是在作一种被动的调整或者是只能称为被动的跟进。因此，我说"满足需求"是有局限性的。如果我们一味坚持刻意地去满足"调研获取的消费者或使用者的需求"，那本身是一种相当被动的行为。这样的一味坚持就是一种固执了，也必然是有局限的。

我们都知道：消费者的行为是存在被引导的一面，消费者的欲求有方向性，但目标是杂乱和无序的。那我们为什么不可以去引导他们的这些欲求，找准点、放大欲求，让"引导需求"成为可能。

丹尼尔·里伯斯金（D·Libeskind）设计的"柏林犹太人博物馆"之所以让人震撼并不是人们在此前自己定义的展览需求，而是设计师提供的像具有生命一样满腹痛苦表情、蕴藏着不满和反抗危机的室内外空间氛围，充分的引导出参观者的潜在需求——对犹太历史的强烈情感共鸣并发人深思。

图2 德国柏林犹太人博物馆室内外空间

这是一种设计者主动的行为，是设计者自己能够把握得住的命脉。因此，我说"引导需求"有着无尽的拓展性。从室内设计的思想性来看，"引导需求"是一种方法，更是一种理念。"满足需求"本身并没有错，是理念不能够适应当今市场的问题，是方法不能与创新有效对接的问题。所以我认为：由"满足需求"走向"引导需求"是一种必然。

2. "引导需求"是室内设计的创新点

市场是残酷的，拿什么去比拼？我们为消费者提供一个购买的理由，其实也是为自己创造一个机会。我们的资本就是创新！要创新，首要的是理念要创新，停滞在当下的市场需求上进行思维很难达成创新，对室内设计我们要有前瞻性——向前一步给"需求"——这就是创新点。所以，我说"引导需求"代表的是室内设计创新的方向。

博弈还需要胆识，古人讲"事在人为"。既然"引导需求"有客观成立的条件（如：消费的被诱导性、有成功的案例）、有主观的愿望（如：消费者认同这一理念并且愿意付诸实施），这个创新点我们没有理由不去抓住。

"引导需求"较之由调研引发的"满足需求"的设计定位要更主观得多，也正因为如此，"引导需求"也要胆大心细。"胆大"是说要主动而为、寻求创新、实现突破；"心细"则是不要凭单方面的臆想行事。

三、"鱼"为其器，"渔"为其道

往大处说我们每个人都是造物者，往小处说我们都是造器者。造物也好造器也好，前提是一定要先布道。布道是为造器设定一个目标，用时下流行的话讲是要"给个说法"。

也就是说，当我们决定要造器时，要有理由说服自己，说服消费者。

古人讲："形而上者谓之道，形而下者谓之器"。"道"，是设计的目标，是我们为消费者创造的需求。"引导需求"是布道。"器"，是我们提供给消费者的"可用"之器。"满足需求"是造器。布道就需要做到以下几点。

1. 变观念、善引导，主动出击搏机会。

首先是我们自己要变观念，等机会不如创造机会，摸需求不如找需求。"引导需求"就是在创造机会，也会创造出机会。虽然一个人几十年形成的观念不容易转变，但人有很好的适应能力，所以我们要适应时代的变化、社会的变化。

其次我们要善于去做引导。掌控需求点，继而推出需求点，引导消费者或使用者顺着我们的观念去想问题。我们要敢于把自己放在主导的地位、主动行事、主动而为。

2. 用策略、谋拓展，概念为先求创新

好的设计也需要用策略，这个策略就是用概念去引导需求！

这个时代是炒概念的时代，无论是人、商业运作、产品等都需要在有着无穷强力的传媒下炒作。炒概念是放大需求点，或者说是放大消费者不曾和少有关注的需求点。

以概念为先、让概念先行，将设计看着是对这个概念的物化、是这个概念的载体。

3. 造需求，向前一步给设计

说得绝对一点，需求是造出来的。设计要创新不能停留在当下想问题，应该从未来去思考。

当然，这个未来不是遥遥无期的久远，而是把当下已经成熟的新兴科技与先进理念积极推广应用到设计中去，这就是向前一步给设计。

造需求的核心是造"卖点"。我们知道差异化可以构成"卖点"，但"卖点"是有许多指向的，不仅仅体现在空间形态的不同或者功能的不同上，还有文化的不同、生活方式的不同，这些更值得去挖掘。

4. 抓生活、引同感，强化一点博眼球

生活中有时候一个不经意的动作、一句无心的话都可能给空间形态或者空间的功用带来启示。因为生活的细节是最容易让人有同感。所有人都要生活，都在享用工业文明的成果，你有的感受他也会有，只是感同身受的程度不同而已。

前面我讲了要放大需求点，放大需求点的方法之一就是对于生活的细节强化。这个被强化的点如果又能够通过设计在形态语义上把握住，就能够博得消费者或使用者的青睐，那么它就有可能赚尽眼光。

5. 推个性、玩出位，人无我有显特质

"出位"是为了"上位"，这是一种品牌营销的手段，同样也可以成为室内设计的方法之一。

"引导需求"不是一说了之、一蹴而就的事，也不是照搬成功案例就能够行之有效、立竿见影的事。有责任感的设计师都应该给消费者我们能够想到的，用"引导"取代"满足"去创新！设计出不仅满足当下需求的空间，还要引导人们以更合理的方式，更愉悦的心情去生活！

# 空间设计中传统文化的传承与创新

李学

成都理工大学 传播科学与艺术学院现代设计系

摘要：本论文对中国传统居住理念进行了阐述和说明，在对新中式风格的理解基础上，阐述了对新中式风格设计理念和形式的认识。首先，作者基于对于新中式风格在室内设计领域的市场调研，结合人们对文化及设计运用领域的创新需求，对现代中式风格进行了详细的定位分析。分析中，阐述了传统中式设计中所运用的色调、元素、表现手法和表达的文化内涵。同时，也对现代生活方式、审美标准进行了分析判断，以对比论证的形式，说明如何将现代中式风格与传统中式风格进行结合，实现"古为今用，传承创新"。

关键词：空间设计 文化传承 发扬与创新 现代感 情韵

Abstract: In this essay, traditional Chinese residential ideas are discussed and illustrated. On the basis of the understanding of the new Chinese residential ideas, the author illustrates her knowledge of the design and forms of new Chinese residential styles. Firstly, combining the customers' demands for innovation in cultural sphere, the author analyzes in details the modern Chinese residential styles based on the market survey of the application of new Chinese residential styles in interior design. In her analysis, she discusses the use of color and tone, elements, expressive ways and the related cultural connotations in the traditional Chinese design. Meanwhile, the author also analyzes the modern ways of life and aesthetic standards. By compare and contrast, the conclusion is reached that modern Chinese styles and traditional Chinese styles are to be combined so as to realize the idea of "making the past serve the present", and "continuation and innovation".

Key words: space design, cultural continuation, development and innovation, modernity, taste

中国传统文化是世界文化瑰宝中不可或缺的部分，越来越多的中国人，特别是当代新青年也开始喜欢和热爱传统文化。国外已有大批设计师深入研究中国传统文化设计的精髓，因此，作为中国人自己的设计师更有责任感去发掘国学宝藏，用于现代空间设计，出作品、出品位，服务于社会的发展和人们不断进步的文化需要。

近年来，空间设计艺术的蓬勃发展，使得东西方文化的碰撞对室内设计风格的冲击影响至深，多元化文化元素与设计风格应运而生。复古的怀旧风，时尚的潮流风，清新的田园风，浪漫的古典风。在异彩纷呈的设计元素中，设计师越来越重视东方元素与其文化内涵精神的应用，打造富有中国传统韵味的设计作品，并把中国传统文化中的"情、韵、神"融入空间设计中，空间设计呈现崭新的东方文化风格，使得中国传统艺术，尤其是文化中的精神内涵得以传承与创新。

建筑与空间设计首先是一门空间科学，中国传统民居包括重要的宫殿、寺庙等，在空间的分隔运用、材料选择、工程工艺以及空间用途与自然生态的融合，无一不反映出中国传统文化"天人合一"的和谐理念。中国传统居住空间以人为本，重情知理，通过空间设计中对色调、材料、工艺、表现手法的综合运用，表达对中华传统文化内涵的理解。因地制宜，就地取材。地形、气候的差异性造就了丰富多彩的民居特色。以徽派建筑为代表的江南民居，"粉壁、黛瓦、马头墙"

就反映了设计中色调运用的对比和抗风防灾的科学理念；以燕京建筑为代表的北方民居，"南墙高三尺"也反映了空间设计中，室内空间对采光和气候变化常识的运用；以四川建筑为代表的蜀地民居为例，"依山—空间，吊脚—力学，木—材料，榫卯—工艺"亦反映了民居设计中对地势地貌特征和材料工艺选择的科学性与艺术性。中国古人对自身的居住环境有极其深入的研究，对于居室的一些理念，是为适应环境而发展出的一些生存法则，其细致和科学程度远远超出常人的想象。这是中国人传承自己悠久历史和伟大民族文化的一种方式，是智慧结晶，也是中国人独有的生活态度。

新中式风格即现代中式风格，在当今的室内设计风格中占有独特而不可替代的重要地位。同时，现代生活方式和新时代的审美标准，以对比说明的形式，说明了如何将现代居住要求与传统风格进行结合。新中式风格并不是对很多传统符号的排列组合、变形堆砌，或是单调地运用传统的色彩及纹样，它体现的中国文化中的思想和内涵，要通过设计师对中国文化的认识和解读，将现代生活和传统文化紧密结合在一起，以现代人的审美需求，来打造富有传统韵味的事物，并服务于人们的日常生活。这不仅体现了对传统文化的崇敬、喜爱之情，更是对发扬中国传统文化有深远的责任感。每个民族有每个民族的历史及文化特色，是每个民族自己特有气质和风貌的体现。西方某些设计思想和观念并不能很好地符合中国式的审美习惯和居住习惯。

但是相当长一段时期以来，受西方潮流的影响，我们有一部分人简单照搬和袭用国外的设计体系、设计标准来做设计，充当的只是模仿者、追随者。不是说我们不应该汲取外来文化，而是在吸纳外来文化的同时，更应"取其精华，去其糟粕"，将其优点和技术融入我们自己的文化中。中国文化博大精深，当中有许多值得我们去发掘、去继承和发扬的东西。中国的设计师，应该以中国人的视角和文化习惯，通过设计的创新去实现一个中国式的艺术化生活环境，创作出具有文化底蕴的作品。

随着现代社会的进步、生活节奏的加快以及互联网的发展，人们的生活方式和起居方式发生了重大改变，而现代风格的空间设计以其简洁、舒适，适应现代生活的特点，越发地受到人们的关注和喜爱。越来越多的国人愿意选择回归传统文化，他们不满足于简单和更流于形式感的现代风格上底蕴的空白，更希望获得一个能够体现文化内涵的居住环境，即"中国美"。即使那些能够接受传统中式风格或是曾经使用过传统中式风格的人群，也不满足其繁琐、陈旧的设计感和某些功能上的缺陷，于是保持中式韵味的同时，进行符合现代化生活改造和设计的现代中式风格，应运而生。设计师根据现代人的各种物质物理条件和生活活动需求，在保留原有艺术内涵的基础上，简化它的表现形式，设计出成熟且有价值、更加适用的空间艺术作品。而要做好现代中式风格的设计，设计者本身不仅要有传统文化的修养，要能够对包括中国历史人文、古典建筑、哲学思想、书法绘画等进行融会贯通，还要对当代的时尚文化、西方建筑及艺术形式，对现代生活的感知感悟有一定的认知和理解，有一定的敏感度，才能将传统风格与现代风格更好地去加以有机的融合。

现代中式风格区别于传统中式风格，老式传统气氛太过沉重、风格守旧，不太符合现代生活需求。在装饰上，传统风格包括带传统纹样的装饰物和传统家具的加入，其中圈椅、条案是必不可少的；在布局上，传统风格惯用左右对称的方式，表现出"正、稳"等特点；在色调上，室内的色调以黑色调、红色调或棕色调为主；在细节上，常以鱼虫花鸟等自然元素做装饰，有时还会配有古玩字画展示台；追求的是一种修身养性的生活境界。而随着时代的发展，现代人与老一辈的审美观有所不同了，对于时尚感、现代感的追求，主要在质朴、含蓄的设计风格中，反映出现代人追求的简单舒适便捷的生活方式，使新中式风格变得更加实用，更具有现代感，也更有创新意识。

结语

设计者需要做更多的具有中国传统文化内涵的设计作品，特别是创新的作品。如今中国的经济发展速度已经远远超出人们的预期，而看待事情，不可能永远只看一个方面，接受西方文化是发展的一条途径，但简单照搬则忽略了传统文化的学习和传承，忽略了对它的创新和发扬。作为中国自己的设计师，有责任和义务对传统文化传承创新。

参考文献：

[1] 家装中的中式元素编委会 . 家装中的中式元素 [M]. 北京：中国建材工业出版社 ,2009.

[2] 中映良品 . 新中式"精典" [M]. 成都：成都时代出版社 ,2008.

[3] 胡承华."新中式"风格室内装饰设计浅析 [M]. 香港：中国美术出版社 ,2010.

[4] 杜雪 . 室内设计原理 .[M]. 上海：上海人美出版社 ,2014.

[5] 张绮曼 . 环境艺术设计与理论 [M]. 北京：中国建筑工业出版社，1996.

[6] 史坦利 . 亚伯克隆比 . 室内设计哲学 [M]. 天津天津大学出版社 ,2009.

作者简介：

李学，女，1971 年 8 月出生，现任教于成都理工大学传播科学与艺术学院现代设计系，研究方向：环境设计、室内设计。

# 浅析环境艺术设计专业课堂教学与社会实践的整合

朱珠

重庆科技学院人文艺术学院

摘要：环境艺术设计专业目标是培养复合型、应用型人才，在教学中，应注重课堂教学与社会实践的结合，本文从目前国内各高校的普遍现状及社会对环境艺术设计人才的需求出发，提出了将课程教学与社会实践整合的一些思路。

关键词：环境艺术设计 课堂教学 社会实践 整合

Abstract: The specialty of environment art design is aimed to foster inter-disciplinary and applied talents. Thus the combination of classroom teaching and social practice should be laid stress on in education. This paper proposes a train of thought about the integration of curriculum instruction and social practice proceed from the present general situation of domestic colleges and the need of environment art design talents.

Keywords: Environment art design, curriculum teaching, social practice, integration.

当前社会经济飞速发展，各地城市发展水平急速提升，环境艺术设计专业也随之迅猛发展，各高校纷纷开设了环境艺术设计类专业。各类有工科背景的综合类高校，与传统的专业艺术院校相比，更加注重复合型、应用型人才的培养。作为实践性非常强的一个专业，环境艺术设计专业对教学的要求是将课堂教学与实践教学紧密结合起来。这也是目前各高校提出的培养复合型、应用型人才的关键所在。环境艺术设计专业课堂教学中的一个重点就是要求学生能灵活地将课堂教授的知识在实践中加以运用，能在现场环境里具有良好的分析问题与解决问题的能力。

一、目前各高校环境艺术设计实践能力培养的现状

对世界现代设计发展产生了深远影响的魏玛包豪斯大学，在《包豪斯宣言》中讲道："艺术家是一个能够随心所欲的工艺技师，上帝赐予的灵感使他的作品变成了艺术。然而，工艺技术的熟练对每一个艺术家来说均不可或缺，真正的创造力、想象力的源泉就是建立在这个基础之上的。"这种教育方法，就是将设计中技术性的基础部分和艺术性的创作部分有机结合，也是现代主义设计理念的基本内容。

目前，国内外很多专业院校采用工作室体系进行教学，从设计理念的提出到最终设计成果的体现，学生均有直接参与，这种教学方式的好处是将课堂教学与实践教学内容紧密结合，学生在学习过程中直接感受到项目的工艺特征与设计流程，对今后的就业有着很好的优势。

就笔者所在综合性工科背景大学来讲，采用的是传统的课堂教学模式，在我们的课程改革中，仍然存在很多的问题：如课程内容不够合理。在专业基础教学中，仍然是以写实性造型训练为主，缺乏对学生不同专业方向的引导性教学内容，专业课的表现形式，也以平面的图像表现为主，对立体模型设计的制作流程、材料工艺等实践性教学内容的力度、要求都还不够。

工科院校里，艺术专业普遍缺乏相关的实训基地。学院通常采用大班式教学，在课程改革中，往往忽略了相关基础实验室的建设工作，同时，专业的实验室实训师资力量也存在很多不足。专业授课教师不是万能的，有的实训设施必须有相关资质的人员进行操作及授课，这在很多院校里是缺失的。

目前的国内高校实践课程一般采用两种方式：一种是学校集中实践。集中实践存在着经费紧张、时间紧张等弊端，学生在实践过程中可能会遇到专业实践水平与社会适应能力不足，实践内容难以保证等各类问题。另一种是同学分散实践。分散实践过程中，也存在着一些问题，比如学生难以联系愿意接收的实习单位，有的学生联系到单位又从事了非本专业工作任务，甚至还有联系了单位又不进行相应的专业实践学习内容等问题。所以，从我们设计实践能力培养的现状上来讲，针对存在的问题，我们更有必要从课堂教学和实践教学的整合方面出发，探索有效的课程教学与实践教学整合方案，才能保证学生能顺利地从学校过渡到社会，满足社会需要的复合型应用型设计人才的市场需求。

二、课堂教学与社会实践综合能力运用的重要性

随着环境艺术设计行业的快速发展，当今社会对环境设计中"艺术"与"技术"的要求被放在了同一水准线上。所以，市场需要的从业人员就是既能独立完成设计任务，又能完全掌握现场实践能力的人才。

在我们的日常教学中，能帮助学生有效地掌握环艺设计最基本的思维方式和最有效的设计方法的手段，还是得通过我们的课堂教学来达到，但课堂教学却无法反映出学生真实的设计水平。一个完整的环境设计方案是否符合社会需求，是否符合市场活动规律，都是要放在实践中得以验证的。老话讲"实践出真知"，实践教学能从根本上教会学生将课堂上的理论知识转换为实际成果，在培养学生动手能力和创新水平上，有着课堂教学无法达到的效果。以室内空间设计课程为例，如果在课程教学中，只是单纯地以模拟训练为主，学生只会根据自己对设计的一些理解和教师的指导完成设计工作，但如果把学生放到社会实践中去参与具体的设计项目，学生就会综合考虑到使用者的生活习惯、心理需求、造价、文化环境等因素。这些内容都能从根本上改变学生的思维模式，让学生在整体的设计过程中加以考虑。所以说，只有将课堂教学和社会实践有效地结合起来，才能从根本上解决现状中学生实践动手能力不足的劣势。

三、如何在环境艺术设计教学中将课堂内容与专业社会实践内容结合

环境艺术设计课堂教学内容与专业社会实践结合，最终要体现在教学内容上面，在本专业的各项主干课程中，可考虑采用以下方式进行整合：

（一）室内空间设计

环境艺术设计专业学生在学习初期，对室内空间设计接触较多，同时室内空间设计内容涵盖范围广，设计机会比较多，在低年级阶段学生就可以通过到各设计公司做助理等实践机会接触到一些具体的设计实践内容。这样，课堂教学内容与设计实践就能做到很好的结合。同时，学校也可通过与房地产公司的合作推出一些概念性设计方案的形式，将设计推向市场，既锻炼了学生的设计能力，同时也教会他们如何在设计中把握好艺术与技术层面的结合，创造出既具有艺术形式美感，也具有市场实用性的实践项目。

（二）商业空间设计

商业空间设计涉猎广泛，从传统的专卖店设计到餐饮、娱乐、运动空间的设计，在现实中均有很多不同大小的实践项目，这些项目也为学生在完成商业空间设计课堂学习内容后进行社会实践提供了一个很好的机遇。因此学校在进行商业空间设计课程教学时积极地让学生到各个设计公司实地考察和参与项目，从学校的层面出发引入一些校企合作项目，同时鼓励学生组织团队参与各类方案竞选，多角度地让学生得到设计整体流程训练。

（三）展览空间设计

以展示空间设计课程为例，在学生作品的呈现上，除了以往二维图像的表现方式以外，在成果要求里加入三维模型设计制作、多媒体表现等方面的实践内容，

可进一步加深学生对设计材料、构造工艺的认识。通过模型制作等训练手段使学生对自己的创作有更深刻的设计理解。教师在授课过程中，除了对各设计要素的强调以外，还需要将展览空间设计中的市场主导因素、消费者行为心理需求等方面进行讲解，避免学生在具体的设计实践过程中生搬硬套理论知识。重庆目前正在打造"西部会展之都"，各类展会层出不穷，在教学中，教师可有针对性地根据教学计划带领学生去参观各类展览空间，与各展览策划公司建立联系，学生参与其中，就能够准确地把握住市场动向，创作出既具实用性、又具艺术感的展览空间。

（四）园林景观设计。

园林景观设计在环境艺术设计体系里，占据了非常重要的一个部分。一般情况下，大的景观设计项目都是由实力雄厚的设计公司或团队共同协作完成，在学校里也很难有机会接触到这样大型的设计项目，这样的情况下，学校可根据自身情况，有选择性地聘请社会上比较著名的高级设计师、工程师、项目经理等人员到学校担任课程导师，引入他们的自带项目来负责解决学生具体的工程实践问题。学校也可开展一些校内景观设计大赛，以设计方案竞标的方式模拟实际情况，以此解决一些校园内部的园林景观设计问题。

（五）公共艺术设计

公共艺术设计是指"在公共开放空间中的所有艺术创作和与之相应的环境设计内容"。这一类课程涉猎面较广，学生有较多的自由发挥的空间，但是仍然要与社会实践的内容紧密结合。

以古镇的整体规划设计为例：在公共艺术设计部分，需要挖掘出当地特有的文化根基与不同的地域文化特征。在教学过程中，教师和学生一直待在课堂上以"纸上谈兵"式的讨论就不能解决实际问题，必须深入当地考察，找寻一些历史痕迹，从中发掘出有用的文化碎片加以再次重组利用，形成新的文化符号，最终以新的公共艺术设计形式呈现出来这一类设计作品。这种实地走访的方式能够让学生学会在实践中收集有用的设计信息，有助于学生建立自己的设计架构。

四、环境艺术设计课堂教学与社会实践相结合的教学效果体现

通过课堂教学与社会实践相结合的授课方式，可以使环境艺术设计专业学生的综合能力有大幅提高。课堂教学方式提供给学生扎实的理论基础和设计思路，社会实践又教给学生以另一个视角看设计，能使学生在实际项目设计中充分理解并运用课堂所学知识，不仅可以激发学生的学习热情，更能够将学生综合能力水平提高，促使学生在学习过程中充分的发挥自己的个性，将潜在的设计才能激发出来。

综上所述，环境艺术设计专业课堂教学与社会实践的整合是一个漫长而又必需的过程，除了建设校内实习基地以外，还可以用推动校企合作、创办校属设计实体等方式来全面建设多元化的社会实践模式，最终创造出环境艺术设计教育的良好发展氛围。

参考文献：

吴晓秋，浅析装潢艺术专业课堂教学与实践的结合 // 赤子：上中旬，2014:87-87.

高来成．装潢艺术设计课堂教学与社会实践的整合研究 // 美与时代．城市，2014，10.

杨俊．高校多元化专业实习模式的探索研究——以艺术设计专业为例 // 艺术与设计，2010(04).

作者简介：

朱珠，女，1981年出生，现任教于重庆科技学院人文艺术学院，主要研究方向为室内陈设设计、家具设计、陈设品设计。

# 生态设计在室内空间中的运用

郭峰

重庆科技学院人文艺术学院

摘要：随着人们对居住空间设计的重视，人们在面临室内空间变化，生态化设计如何合理运用于室内空间中等一系列的设计需求。保护环境、节约资源也使设计界较为重视的一个环节。随着人们生产、生活资料的增加，生活品质需求越来越高，为了最大限度地实现室内居住空间的可持续发展，绿色设计、生态设计、健康设计等糅合了各种因素的设计理念与技术正被人们所提倡。生态设计是从建筑装饰材料的选择到设计师对于空间设计的准确把握，这些都是的设计环境周期中不可或缺的因素，兼顾空间的使用功能和人居的合理化需求。所以说，室内空间的生态设计作为环境设计的其中一个方面，起着从节约设计资源，最大限度释放设计理念的作用。室内空间设计中大力推广生态设计是有必要的。

关键词：生态设计 绿色设计 可持续发展

引言

随着城市化进程的飞速发展，人类在创造了越来越多的物质文明的同时，对于室内居住空间的要求也在进一步提升，带来了一系列迫切需要解决的室内空间环境问题，打造好的生态居住环境，走可持续发展之路，是未来越来越多的室内设计师与环境设计师将面临的设计主题。

生态设计是一种以现代生态学为基础和依据，生态设计理念如何贯穿室内设计全过程，如何与空间打造相协调，作为设计本身是不会对室内环境造成影响和破坏的。必须将设计理念作为一个整体考虑，协调人与室内环境、与资源环境、与设计本身相衔接。使室内空间布局和生态特性在特定的空间来加以具体的表现形式，与空间协调，达到优化室内空间的作用。

一、生态设计与室内空间设计的内涵

设计学科既具科学性，又具有艺术性，既能满足功能要求，又富有文化内涵。对于现代室内环境的打造，将是设计师的责任与义务。

生态设计理念的培养

贯穿生态理念的设计手法与艺术修养是设计师对社会负责对设计项目负责的具体表现，从生态学理论出发，结合传统的审美观念，通过设计师自身的不懈努力探索，来达到不断美化和改善自然环境，促进设计行业的稳定向前发展，结合对于现阶段我国室内空间设计的实际情况，真正做到生态设计理念的掌控。

室内空间设计的内涵往往能从一个侧面反映相应时期社会物质和精神生活的特征，这是由于室内设计从设计构思、施工工艺、装饰材料再到内部设施决定的，也必然和社会特定时期的物质生产水平、社会文化和精神生活状况联系在一起。单从设计的角度来说，也还和设计师的设计理念、美学观点等密切相关，从设计出来的作品来看，设计水平的高低都与设计师的专业素质和文化艺术修养相关，需要把室内空间设计的艺术性与的技术性紧密相连。

室内空间的功能包括实用功能和心理功能。实用功能主要是指使用上的要求。空间的面积、设备布置、节约空间以及科学利用物理环境等因素。心理功能是指在实用功能的基础上，从人的文化、心理需求出发。人的爱好、审美、文化、风格等等都是其范畴，可以把两者完美地呈现在空间形式的处理和空间形象的塑造上。

人类不是独立于自然而存在的，而是自然的一部分，这就要求我们尊重自然。尊重自然赋予我们的生活空间，协调好人与自然的关系。尊重自然也就是尊重我们自己，每个人都不可能脱离自然而生存，人类所需的一切都来于自然，取于自然，只有尊重自然的设计才是以人为本的设计，二者是密不可分的，主导室内空间设计的理念就是去挖掘深层次文化内涵，找到主导空间设计的"闪光点"。

二、生态设计风格在室内空间中的运用

著名建筑设计大师贝聿铭先生说道："每一个建筑都得个别设计，不仅和气候、地点有关，而同时当地的历史、人民及文化背景也都需要考虑。这也是为什么世界各地建筑仍各有独特风格的原因。"把握室内空间的设计风格，通过设计构思和设计表现，逐步发展成为具有设计感的空间形式。

设计风格虽然是一种设计的表现形式，但其具有艺术、文化、社会发展等深刻的内涵，从这点来看，设计风格又不完全等同于表现形式。装饰设计风格往往与建筑空间内部特定的风格流派为其渊源，相互影响。我们在室内空间设计的具体表现是通过运用技术手段和设计美学原理，创造出实用、美观、合理、舒适的室内环境。风格与文化在室内空间设计的过程中复杂而多变，室内环境艺术风格和文化氛围的欣赏和追求，也随着时间的推移而在改变，这往往体现在艺术特色和创作个性的打造。

在生态学基础上的设计理念不是我们设计师单方面可以完成的，它需要全社会民众对生态文化的有共同的认识，要对社会可持续发展的思想加以理解，只有通过全社会的共同努力才能实现。

我们要把生态设计的科学性、艺术性与技术性相结合，在设计行为中充分考虑生态影响，深刻认识生态理念在设计行业中的重要性。现在，有一些室内空间设计中为了在空间个性化设计中凸显自身，不顾对环境的保护，对于要达到某种设计风格的体现而罔顾在空间设计中对材料的再运用，应该对材料的监督与把控上用生态的概念来完成实际项目。设计师在尊重设计风格的同时也应综合考虑自身的设计思想，不可以盲目行事，只顾眼前，应考虑生态环境带来的影响。把设计的理念上升到为社会负责，要在社会上大力宣传景观生态设计的意义和作用，让全民都有保护环境，维护生态平衡的意识这样的设计风格才具有说服力，才能够常远，要让对生态设计的监督成为引领设计行业的责任和义务。

三、色彩元素在室内空间中的运用

色彩是家居空间中最美的生活语言的视觉语言。在室内空间设计中对色调的把握，它随着设计理念的出现，让室内空间充满无穷魅力。这不但是由于物体本身对光的吸收和反射不同的结果，而是还存在着物体间在特定空间里的相互作用所形成的视觉效果。

人们对于不同色彩元素在空间中的运用表现的好坏这种心理反应，常常是因人们生活经验以及色彩元素引起的联想所造成的。看到绿色，联想到植物发芽生长，感到春天的来临，代表青春、活力、希望、发展和平等。人们对色彩的这种由经验感觉到主观联想，再上升到理智的判断，既有普遍性，也有特殊性；既有共性，也有个性；既有必然性，也有偶然性。

屋内的趣味中心或视觉焦点或重心，同样也可以通过色彩的对比等方法来加强它的效果。通过色彩的重复、呼应、联系可以加强色彩的韵律感和丰富感，使室内色彩达到多样统一。统一中有变化不单调、不杂乱，色彩之间有主有次有中心，形成一个完整和谐的空间整体。

四、用色彩元素来崇尚美学，提倡生态

提倡生态设计并不是不注重美，不注重色彩表达，美的形式、色彩表达的形式与内容都是生态空间设计中不可或缺的。我个人认为，空间设计本身就在体现美的内涵，而对于设计师而言，是创造美的过程，好的室内空间设计作品，应该在满足生态和使用功能的同时，也是一件极具视觉冲击与视觉享受的艺术作品。一个没有美感的景观设计作品。空间设计的打造是合理的，是符合生态设计标准的，这样的设计作品，就是符合自然规律的作品，将在视觉上给人美的享受。审美和生态设计理念是共存的，二者的完美结合才是设计的最高境界。

五、生态设计理念在室内空间设计中的延伸

室内设计作为一个专门的领域，已经影响着我们生活的方方面面，就像变幻莫测的时尚潮流一样，它有着自己的流行趋势和鲜明个性。曾几何时，以简约风格为代表的家装风格设计在国内风靡一时。然而，由于大多数所谓的风格设计单纯强调形式而忽略生活的本质需求与内涵，使简约风格逐渐变成为单调、缺少温馨的代名词。新时代艺术特点和文化特征的风格室内设计体系终于建设完成。和以往强调形式不同，重视内心情感、关注健康生活、强调家庭文化成了这次设计体系的主题。一个人对生活的态度，反映其当前的生存状态、精神面貌与价值取向。室内设计师要关注品位人士的要求，研究他们对品质的要求，据悉，"影响中国家居生活的八大风格"分别为现代前卫、现代简约、雅致主义、新中国式风格、新古典风格、欧式古典风格、美式主义和地中海风格。无论你是崇尚自由的国际人士，追求品位的优雅小资，或者想做回归自然的美式牛仔，缅怀浪漫的艺术大家，气度辉煌的文化贵族，尊重传统的现代儒家，引领流行的时尚人。又或者是喜欢异国风情的 BOBO 一族……在这里，你都将找到你的归属。

人类聚居与自然共同生存。发展生态良好巨优美的环境是未来社会的发展方向，现代景观规划设计就是协调人与自然相互关系，其创作对象是人类共同的家园。地球，人类发展和环境的可持续性是其所强调的首要内容。作为景观设计参与者，我们应在设计实践中充分理解和尊重自然发展规律，探索生态化景观发展模式，体现人。自然。社会各方面的协调与平衡，共同努力维护我们生存的空间环境。

六、结语

室内设计是一门涉及面广，综合性较强的应用型学科。与传统的居住空间设计相比现代室内设计重视对自然环境的保护。运用景观生态学原理建立生态功能良好的景观格局，可促进资源的高效利用与循环再生，减少废物的排放，从而增强室内空间的生态服务功能。生态设计理念不是一句空话，不是简单地运用到空间设计中去的，它需要的是我们全社会，全人类的共同努力，从内心的认识到认知，最后可以贯穿于我们的设计领域，实践到各类室内空间设计上去。这就要求室内设计师发挥主导作用，真正将生态设计理念付诸实践，真正体现在我们的空间设计当中。

生态文化的体现也是家居空间设计的重要因素，好的室内空间设计不只是形式语言的运用，而是达到完美生活方式的提倡与创造，以巧来搏精细，以理念来打动人，因为我们不仅是室内空间设计师，更是真实生活的创造者。

# 室内设计创新能力培养的教学思维定位
## ——以英国约翰莫尔斯大学为例

李莉

重庆科技学院人文艺术学院

摘要：鼓励学生独立创新，是英国艺术设计类高校的教学原则。作者观摩了英国利物浦约翰莫尔斯大学艺术与设计学院室内设计课程教学的全过程，阐述了室内设计课程教学的内容、方式、学生成绩评估、就业指导方式以及教师教学工作方法，论述了师生互动教学、学生合作学习及学生主动学习在室内设计教学中的必要性，提出了借鉴英国高校室内设计教学的先进经验，建议在教学中以教师为主体来定位如何进行创新能力培养的教学思维，教师在教学中鼓励并调动学生参与创新的积极性、激发学生艺术创作潜能，从而进一步培养学生的综合能力，这是提高室内设计教学质量的一个有效途径。

关键词：室内设计 创新能力 教学思维 定位

Abstract: To encouraging students to bring forth new ideas in the arts by their own is t he teaching principle in the design of arts in the higher education of Britain. The author inspected and learned from the whole teaching process of interior design courses of arts and design college of Liverpool John Moores University in Britain, expounds teaching contents of courses, teaching style, evaluation of the students' results employment instructions and the teaching technique of the teachers interior design course teaching . In addition the author also puts forth the necessity of the exchange of ideas of teachers and students ,co-operative study and active study in teaching. On this basis, the author presents to use the advanced teaching experience of inside design courses of colleges and universities in Britain and proposes the teaching ideas of training the ability of innovation. In teaching , teachers should encourage , bring the enthusiasm of the students into play, and initiate the students' ability of innovation. The author thinks that this is a good way of training the comprehensive capacity of students and enhancing teaching quality of inside design courses.

Keywords: Interior design , ability to innovate , teaching ideas ,Orientation

一、我国高校室内设计教学目前存在的问题

目前我国高等院校的室内设计教育面临着重大的压力与挑战。虽然每年都有大量的毕业生输送到社会成为设计师，但现实的情况是中国室内设计真正的创新与设计还是差强人意。除去社会需求所构成的各因素，在很大程度上也说明了高校的室内设计教育在教学目的上有所偏失，教学手段还不够高明。如何培养高素质、具有创新能力型的设计人才的问题摆在了中国室内设计教育面前。目前我国高校的室内设计教育存在以下几方面问题：

第一，学生的学习目的不明确。进入大学前大部分学生对专业选择缺乏基本的了解，进入大学后一些学生对学习目的比较茫然，容易失去学习目标。学生陷入被动学习的境地，学习中不能主动去拓展和丰富自己的知识结构，在创新环节上更是无可奈何。

第二，传统艺术设计教育注重单方面传授已有知识，授课方式仍以教师讲解为主。教师讲、学生听，教师示范、学生模仿。一方面学生习惯被动接受知识，不善于主动思考。设计作业理念贫乏、内容东拼西凑。另一方面教学中只有老师的讲课而没有学生的疑问。课堂上缺少探讨的氛围，学生创新所需要的基本的独立精神、质疑品质和批判能力在教学中难以体现。

第三，教学活动主要以课堂为中心，设计项目空泛不切实际。这使得学生缺乏必要的想象力。学生作业设计内容空洞没有依据，停留在模仿阶段。由于教学目标定位不准确，专业课程每年设置不稳定，设置前对课程间的逻辑性和联系性缺少必要研究。课程内容缺少人文知识、工科知识和工程实践内容，实践经验不足导致学生的设计乏善可陈。

第四，教师的责任心和积极性不足。高校教师在教学创新方面的考核业绩所占比重较小。另外受持续数年的高等教育扩招的影响，艺术专业学生数量逐年增多，教师在室内设计"一对一"的辅导上力不从心。长此以往，专业教师对教学创新的思考就会慢慢减少，最终影响创新人才的培养。

第五，教学设施与教学需求不配套。由于教学设备和教学基地审批程序复杂，室内设计专业的学生目前学习场所以仍教室为主，甚至更多时间在寝室学习。必要的免费复印、打印、扫描需求不能实现，资料室书籍资料有限，网络查询条件不足。如何优化教学设施、完善教学硬件成为室内设计教学改革的重点。

二、室内设计课程中学生创造能力培养的意义

室内设计是一门以内部环境创造为内容，以现代科学技术为手段，以满足人们的物质、精神双重需求为目的的综合性学科。室内设计的本质就是创新，因此从这个角度来说，室内设计人才的培养过程就是创新型人才培养的过程。当代人们对室内环境的质量要求越来越高，相应室内设计人才的素质要求也越来越高。然而随着室内设计从业数量增加过快，创新设计却跟不上发展需求，我国在室内设计教育质量急需提高。

三、英国利物浦约翰莫尔斯大学室内设计教育模式借鉴

研究我国高校的室内设计课程中创新能力的培养，需要借鉴和学习先进的教学经验，在前沿的教学经验基础上，借鉴英国利物浦约翰莫尔斯大学的室内设计教育模式，就是为了更好地"洋为中用"。

（一）英国利物浦约翰莫尔斯大学艺术与设计学院概述

英国利物浦约翰莫尔斯大学( Liverpool John Moores University )成立于1823年。是英国规模最大的大学之一。约翰莫尔斯大学的艺术与设计学院历史可以追溯到1825年，是英国除了伦敦地区以外第一所艺术与设计学校。约翰莫尔斯大学艺术与设计学院在利物浦及英国的艺术文化发展中起到了举足轻重的重要作用。现代的约翰莫尔斯大学艺术与设计学院有强大的综合学科和文化背景支撑，多门学科、文化环境交叉融合。艺术与设计学院的艺术专业设置较全面，具有建筑设计、室内设计、时装设计、艺术史、平面设计和插图设计、美术、空间设计等多门艺术领域的专业设置。约翰莫尔斯大学艺术与设计学院的艺术设计教学方式现代开放，教学内容新颖前沿。其教学具有综合型、广泛性的特点。该校的艺术设计教育在一定程度上代表了英国前沿的艺术设计教学水平。

（二）英国约翰莫尔斯大学室内设计教学模式概述

作为该校访问学者，作者观摩了室内设计专业教学全过程，得到了一些深刻的体会，并总结出该校室内设计专业教学方法具有以下特点：

1. 现代开放的教学理念

首先老师和学生都十分热爱室内设计专业，教和学的过程中师生都能全心投入。约翰莫尔斯大学室内设计的主要是以讨论、交流式教学。教师在交流中十分注重对学生先进的设计理念的灌输，强调作品的思想性。

课堂内教师引导学生发现问题、提出问题、分析问题、解决问题，课堂外安排学生去大量查阅资料、实地考察和具体设计制作。教师在本科课程教学中保证学生至少每星期15小时接触到教学讲座、研讨会、辅导、工作室和专题讨论会。

为学生提供大量参与实习的机会。

2. 教师的强烈的责任感和学生学习的主动性

教学中专业教师具有强烈的职业责任感和耐心。课堂是学术性讨论的教学，而不是"一家言"授课形式。表现在：（1）选课学生多的时候，专业教师可以灵活采取"一对一"、"一对小组"的小班预约教学模式。教师能做到对每一位、每一批次的学生不厌其烦重复讲解。（2）针对一个课题教师会与学生多次深入讨论。每个学生每进行一个环节都有教师参与指导。（3）如果有学生不够主动交流，指导教师则会主动过问、耐心引导，与学生讨论到理解为止。

学生对专业学习充满热情和积极性，有强烈的求知欲。他们充分利用课堂时间来解决自己在课外思考的疑问、请指导老师协助解决设计难题。学生们能与教师在教学中良性互动，而不是一味被动学习。

3. 丰富有效的课堂教学方法

1）教：教学形式有集中讲解理论、分散指导设计、专题答辩、课题设计竞赛、讲座沙龙、设计讨论等教学模式。其中教师与学生的一对一交流成为重要的教学途径。2）学：以课堂学习、图书馆自习、与教师讨论质疑、课后完成设计等方式相结合。其中既有团队合作制作、也有独立创作的学习形式。

4. 完善的教学环境和教学管理模式

教学环境方面：为较宽大的通透空间，可再次自由组合和分隔空间。适合小组讨论和授课，也可同时进行大班集中讲课。桌椅为可组合课桌，既满足小班独立上课、又集中讨论和授课的教学需求。教室是作阶段性讨论、学生构思草图和教师评图的场所。有配套齐全的多媒体教学系统，互联网络方便快捷，各种实验机房、精工木工实验室设备齐全。

教学管理方面：没有太多严苛的教学规定和教学纪律束缚，学校给教师很大程度上的自由和信任。基本靠师生的职业道德和自律性决定教学质量。

课程的质量评价、学生成绩考核方面：每门课程结束后由室内设计专业负责人带领室内设计团队的教师集体为学生作出成绩评价，有时候还以答辩形式让相关教师和班级学生集体参与。

5. 未雨绸缪的就业指导

该校有专门的创业研究指导中心，针对各年级和专业的学生进行就业指导和培训。就业指导的内容包括心理实验、社会从业人员交流座谈等等。就业指导中心从学生一年级就开始介入专业教学，这将促使学生主动思考自己将来如何从业，对就业具有重要的指导性，而且能使学生更好地明确在校学习的目的。

四、如何确立室内设计创新能力培养的教学思维定位

（一）室内设计创新能力培养的目的

据对用人单位的相关调查表明，创新思维能力和团队协作能力薄弱是目前艺术设计专业学生们的通病，也反映了我们教学中的薄弱环节。创新能力的培养的就是要针对室内设计专业，建立基于我国现状的室内设计课程教学模式，摸索行之有效、循序渐进的教学思维定位。

1. 要在教学中让学生意识到创新能力的培养的重要意义。如在新的教学环节中，教师提前抛出问题让学生自己先去寻找答案，然后课堂上大家再一起讨论得出结果。这将促使学生养成勤于思考的良好习惯，自觉开启创造性思维能力。2. 加强作品的设计理念重视。设计理念是一个成功设计的灵魂和核心，也是抓住创新能力的培养的重点要素。3. 改进传统教学的模式，增设小组讨论教学方式，激发教师的责任心。加强师生之间在教学上的沟通。4. 加强学生综合素质培养，提高人文和艺术素养，重视史论知识和人文素质教育，学生熟悉文脉根基才有可能做出有内涵的设计作品。

（二）室内设计创新能力培养的教学理念

设置创新思维培养课程，例如空间创意设计等课程，引导学生深入地认识创新基本原理后，自觉地将该思维运用于专业设计中，主动开启创造思维。鼓励学生面对设计方案时，首先要运用形象思维能力进行设计元素的发散构想，把所能联想到的设计元素以图或文的形式记录下来。思维越开阔，设计的形式就越丰富，所能做出的设计方案就越多，最后再利用逻辑思维能力总结概括出来。这种教学方法可循序渐进地提高现阶段大多数学生薄弱的创造性思维，锻炼其艺术设计思维发散的能力。

（三）教学思维定位的构想

研究室内设计创新能力的培养，教师首先需要明确教学思维的具体定位，只有明确了教学思维，才能从室内设计的专业特点入手，更好地开发学生的创新能力。针对我国高校室内设计专业目前存在的问题，在教学思维定位方面提出以下构想：

吸取先进前卫的设计理念、提高艺术设计理论修养和国际接轨了解最新的设计观念，并有效地学习和改革利用，这是有效提高学生创新能力的途径之一。对设计理念的理解就是室内设计过程中的重要环节。良好的设计理念体现了设计师对空间的艺术理解，是设计师运用发散思维对所设计项目的各因素经过综合分析之后所做出的艺术构想，是设计师创造性思维的具体体现。

全面提高人文素质，在设计评价中具备正确的创新审美能力。在学习阶段缺乏对理论知识的深入了解，就会影响学生的创新思维。理论的学习就是要加强艺术史论课程的设置、增设史论课程的比重。另外在课程设置中要勇于打破固有的课堂模式的沉闷，可以像英国约翰莫尔斯艺术设计学院一样多邀请相关从业人员和行业专家走进课堂授课，以了解最新的行业动态、设计观点、设计方向。

1. 丰富教学手段

（1）教师可组织学生以分组、分批讨论模式进行教学。分小组合作和讨论学习是当今学生自主学习能力较弱、人数较多的情况下采取的一种教学模式。学生在团队合作中既训练了合作精神，又能主动开动创新思维能力。

（2）重视设计讲评阶段的教学

室内设计课程结束后的讲评阶段是设计学习的深化，设计实施阶段鼓励学生从审美出发，创造性地进行空间设计和材料使用。在设计讲评阶段，锻炼学生用准确的语言表达自己的设计理念和设计方法。要求学生之间、师生之间用"答辩"的形式再进行对设计作品的研讨和总结，继续引发大家对本次设计的深入思考。强调学生用"说"的形式来阐述自己的观点，这样既训练了口头交流能力，也提高了学生的学习兴趣，并反过来影响学生的创新活动。

（3）培养多元化学习能力。由于室内设计中会遇到千变万化的问题，再加上目前科技的发展而不断出现新材料、新技术，社会发展提出新的观念等因素，因此学生不能用单一的思维去考虑问题，而需要用多元的、创造性的思维方法去解决所遇到的设计问题。从不同的方向进行设计思维，得出多样的设计效果，满足不同人的需求。

2. 调整课程设置，坚持走艺术学科与科技相结合的道路

室内设计是艺术与技术相结合的综合学科，既需要艺术专业的艺术理念表达、艺术表现方式，又需要理工学科的工程技术支撑，我们的室内设计教学需要走艺术和技术相紧密结合的发展道路。所以在保障艺术类课程的前提下，室内设计在课程的设置上还应该注重：

（1）提高建筑设计、施工构造作法、装饰材料、预概算等工科课程比例；

（2）提高实践教学环节的课时分配比例；

（3）提高社会实践环节课时比例，并保障落到实处。

以上课程可以根据培养计划和实际情况灵活设置，融会贯通专业知识。如可采取实践课程中相关课程结合起来授课，或者在一个实践项目里贯穿各知识点的学习。

3. 切实加强对室内设计教学设备的投入

院校加大室内设计实践设施设备的具体投入，教师利用先进设备教学，学生将设计图纸与实际动手操作相结合，充分发挥创造性思维的作用，将以上各种因素统一起来，完成塑造空间的任务，能使学生很快就会适应市场的需求。

五、结语

室内设计教学中学生创新能力的培养，主要决定于教学模式的思维定位。室内设计创新能力培养的根本目的是通过以课程为中心的教育方式来提高学生的艺术素质，培养开拓创新精神。

参考文献

[1] 郑曙旸. 室内设计教育定位的思考 [J].// 中国建筑装饰装修，2002(10).

[2] 郑曙旸. 室内设计·思维与方法 [M]. 北京：中国建筑工业出版社，2003.

[3] 矫克华. 现代环境艺术设计风格定位的思维培养——关于室内设计学科教育的探讨 // 首届中国高校美术与设计论坛论文集（上）[M]，2010（12）.

[4] 邵乘胜. 室内设计教学模式改革探索 [J]// 教育研究，2009（10 月）.

[5] 姜宇. "环境艺术设计"课程教学模式改革初探 [J]// 吉林工程技术师范学院学报，2010.

作者简介：

李莉，女、1974 年出生，副教授，现任教于重庆科技学院人文艺术学院，研究方向：环境艺术设计、室内设计。

# 艺术馆展示空间设计方法探索
## ——以重庆科技学院
## 与四川美术学院协同创新项目
## 三馆建设中的艺术馆为例

杨琳

重庆科技学院人文艺术学院

**摘要**：随着时代的发展，展览空间在彰显企事业文化与形象，促进行业交流中发挥着越来越重要的作用。艺术馆在高校艺术专业类建筑中也是必不可少的，如何把握好艺术馆展示空间的关系是决定其展示效果的要素。因此，本文主要从艺术馆展示空间的主从关系、总体分隔、界面设计三方面来阐述展览空间的设计方法。

**关键词**：展厅 主从 序列 界面

**Abstract**：With the development of the times, Exhibition space in the display of corporate culture and image, Art Museum is also essential in the construction of the art of the University, How to grasp the relationship between the display space of the art museum is the essential factor to determine the display effect.This article mainly from the Art Museum exhibition space of the master and slave relationship, the overall separation, interface design three aspects to elaborate the exhibition space design method.

**Key words**: The exhibition hall  Primary and secondary  Sequence Interface

现代展示是一个有着丰富内容，涉及广泛领域并随时代发展不断充实其内涵的学科，对应的各类型展览也越来越多的存在于各行业企事业单位中，对宣传其历史文化、形象等发挥着重要的作用。高校艺术专业类建筑中的展示空间主要体现为艺术馆。因此，如何处理好其展厅的空间规划显得异常重要，在展馆设计探索中，作者有幸参与了本校与四川美术学院协同创新项目的艺术馆设计，并以其为基础来探索展馆的空间设计手法，具体别从展馆空间的主从与总体分隔方式、展馆界面设计两方面来阐述。

### 一、展馆空间的主从与总体分隔方式

#### （一）展馆空间的主从设计

为了满足观展需要，展馆空间通常由多个功能子空间组合而成的，例如展示陈列空间，休息与洽谈空间，接待空间，辅助空间（包括通道空间、工作人员空间、储藏空间、设备检修空间）等。在空间体量分配上，作为核心的展示陈列空间应占绝对主导地位，洽谈空间其次，其他空间通常从属于二者。这样便能形成良好的空间主从关系。另外在大尺度展馆空间里，往往需将展示陈列空间进行二次细分，如重点展示区、一般展示区、多媒体展示区等，这样使展馆空间呈现更加丰富的层次感，带给观众丰富的观展形式。

#### （二）展馆空间的总体分隔方式

展馆空间的功能区划分是决定展馆是否实用美观的要素。展馆的功能分区五花八门，但也有一定的规律，主要有中心发散空间、点状空间、序列空间等三类。中心发散空间是将展厅的重点展示区作为空间中心（可用于展示企业的核心信息），辅助展示区围绕其间。这类展厅在空间上有鲜明的主从关系——空间聚合感强、简练大气。但在具体运用中须把握好重点展示空间的尺度，若体量过大会让观众倍感空旷与单调。点状空间则是由多个"点"状展示区组成，点可规则（大

小、方向等）排列也可以其中几"点"为主，其他为辅的主从灵活排列。这种空间形式有较强的韵律美感，观众可沿各个"点"之间的通道观展。另外，展馆中的"点"通常由体量较大的展示区、展具或展品构成，如果展具（展品）尺度太小就必须将之组合成团以免产生迂回通道（浪费空间）。

序列空间相对复杂，是以通道为纽带，将展馆内部各功能区域组织成具有较强秩序感的空间整体。有了序列，各个功能区就显得有条不紊。序列空间的组织手法多样，常用的有顺序序列、自由序列两类。顺序序列即采用具有一定方向感的通道连接各功能区。此种形式适用于各展区展示内容联系紧密的展厅。通道与各功能区通常有明显界限，同时通道的形状与数量应根据展厅面积、展品数量等因素确定。顺序序列展厅的空间形态通常有单一通道和多通道两种形式，单一通道即展览空间的观展路线由一条明显的线型主通道串连，展示区位于通道两侧，观众沿着主通道观展。通道的形式有直线式（通常适合面积较小或狭长形展示空间）、曲线式、环道式，其动向可与展厅大空间动向一致，给人整体协调的感觉（其空间立面形式需追求灵活以避免平淡呆板），也可与展馆空间的动向不同，这样能给人活泼生动的视觉感受（这类展厅通常面积较大以避免产生大量的空间死角）。当展馆空间足够宽敞时，由多条通道沿一定方向来串联各展示区，即各展示区成行或成列布置就是多通道的形式。这种方式主、次通道的感觉较弱，通道空间与观展空间的界限模糊，观众通过折返运动完成观展。与单通道布置手法类似，多通道展馆的路线可采用直线、折线、曲线等形式。同时，可根据展厅的特点、展品性质、艺术效果等因素选择通道的动向是否与展厅大空间方向一致。

相对于顺序序列空间的严谨，自由序列展厅往往没有明显主动向的通道来引导人们的观展，甚至通道与展示区的界限开始模糊。此类方式通常适用于各展览区较独立、展示内容延续性较弱的展厅，观众可凭个人喜好自由选择活动路线，通常可分为阵列式和透叠式两种。阵列式展馆由若干方正的功能区排列而成，在设计中可将各区域以较对称的布置方式（通常呈现"井"字形格局）以求得稳重端庄的视觉效果。也可打破对称格局，结合展馆空间、展品自身特点等来安排各区域（通常呈现"十"字形格局），端庄中不乏活泼。透叠式展馆空间类似于立体主义、构成主义作品，其内部各区域通过重叠交错、弱化各区域与通道的界限从而形成"你中有我，我中有你"的丰富空间形态（各区域通常被分隔为不规则形体），颇具现代气息。此种灵活的布置手法在实际操作时须把握各区域在构成组合上的形式美（主从关系、均衡、对比与协调等），切忌产生琐碎、凌乱等不协调之感。

在本次艺术馆空间设计中，设计组主要采用了序列空间的设计手法，并采用顺序序列和自由序列的有机结合。

### 二、展馆空间的界面设计

天棚、柱、墙、地面、展具等是展馆空间中重要的界面与构件，它们丰富的视觉样式决定了展馆的艺术美感，以下将对这些主要结构件进行分析。

#### （一）天棚

天面是展馆空间中的重要界面，本节将从天棚的艺术形式、表现手法来探讨。展厅天棚的艺术形式丰富多彩，按照其表象可分为裸顶与覆盖式天棚。因经费、艺术效果（如Loft风格）等因素，展厅空间天面保留了建筑原有的视觉形态，通常将裸露的楼板、梁、管线空调设备等刷上一层白色、黑色或者灰色的乳胶漆。此种手法弱化了天棚的视觉效果，往往给人质朴、原始、工业化等感觉。与裸顶相反，覆盖式天棚即选用装饰材料制作而成。根据材料的通透程度，覆盖式天棚总体可分为"实体"和"虚体"两类，实体天棚多采用石膏板、木板、金属板等不透明材质，此种天棚空间的限定性最强。需要注意的是在应用中我们应确保天棚吊顶的高度应符合观展使用的亲切尺度，切忌让人感到高旷或压抑。虚体天棚

多采用骨架、丝绸布艺等轻质、半透明或反光材质，视线通透性好，彰显轻巧与柔和之美，空间限定性不如实体天棚强烈。其中值得一提的是骨架式天棚因其安装方便，科技感较强在展馆空间中使用颇多，多采用木质、轻质金属等材质以几何构架的方式来表现天棚的结构韵律美。

在科技学院艺术馆的后期装饰设计中，天棚将主要采用骨架类样式。

在天棚的表现手法上，我们可以巧天棚对空间的暗示。天棚的形态如何会直接影响人们对展览空间的认识，这种认识源于内心的感受。在设计中我们要巧用这心理暗示，使天棚以最佳的形态来塑造特色展馆空间。首先，天棚的造型能引导、暗示人的观览活动；其次，天棚的造型直接暗示着展厅的空间形态，例如直线形天棚沉着庄重，而弧形天棚则给人圆满流动之美。我们应勤于积累这些造型给人的感受并善加应用。再次，有天棚覆盖的区域往往昭示着其下空间的存在。根据这一特性，尤其是在大型展厅设计中我们可根据展厅的平面功能分区来考虑天棚的形态（形状、虚实、色彩与质感）以进一步强化这种功能性空间分区，彰显展厅内部空间的细腻与层次。

在巧用天棚暗示的同时，我们还应把握天棚的对比与协调。展厅天棚若一味以单一形态出现，未免有平淡乏味感。把握天棚的对比与协调即在设计中我们通常应确保天棚整体性的前提下将其形态作适当的变化处理，使其形成一个富含艺术效果的统一体。此种方法依托的基础就是天棚的空间暗示原理（根据不同功能区来作天棚的对比与协调）及构成艺术。以天棚虚、实的对比与协调为例，"实"与"虚"具有对立性，这种对立虽然强烈但在设计中我们可运用恰当的手法来化对立为美感。常见方法之一就是弱化天棚的虚实对比——将天棚调整为多个（三个以上）虚实程度不同的形式，显现出柔和的空间层次。值得注意的是为保证天棚的整体性，应利用构成艺术方面的知识在虚、半虚、实等形式的面积分配上作主次之别。此外，还可以利用天棚"虚体"与"实体"的强烈对比产生某种形式的韵律美感。

（二）墙体

与天棚一样，墙体在艺术馆中也不可或缺：它分隔空间、陈列展品……同时其丰富的形态决定了展厅的艺术效果。

1. 墙体的划分

按墙体的功能划分，墙体可分为展览陈列类墙体、空间分隔类墙体与装饰类墙体。展览陈列类墙体通常将展品与墙面结合展示，不但美化展厅、信息量大且不占用观展空间。在实际布置中通常有展品倚墙放置、墙体内凹做成壁龛并配合灯光作为重点展示墙、将墙面做成多媒体展示墙（这种方式可提供给观展者实物展品无法传达的大量信息，是实物展示的有效补充）、互动操作墙（提供观众与展品的互动体验，体验方式通常为多媒体与实物结合）。

空间分隔类墙体通常出现在较大展馆空间中，用墙将展厅细分为多个满足展示需求的子空间。装饰类墙体通过自身形式来愉悦大众，本身没有特别的展示陈列功能。单纯的装饰类墙体在展馆中较少。

根据墙体的不同功能以上列举了三类常见形式，需强调的是在很多情况下墙体集这些功能形式于一身，不可孤立看待。

若按照墙体的视觉形式，墙体可分为实体类墙体、虚体类墙体、发光墙体三类。实体类墙体即视线无法穿透的封闭墙，这类墙体多以轻质金属型材为龙骨基础，石膏板、铝塑板（铝单板）、免漆类饰面板、金属板等罩面构成。实体墙的空间密闭感与隔音效果最好。虚体类墙体在展厅中常用阳光板、玻璃、织物与软膜、金属框架、PVC或金属塑料片等通透性材质做成。空间分隔的密闭感较弱，而空间的流动性较强。发光类墙体主要有自发光和漫射光。自发光墙体即通过暗装大

量灯管来取得晶莹透亮的效果，这是在自然界里少见的景观，能给人一种新奇、时尚感，特别适合科技类展览。漫射光墙体即通过强光源照射墙体发光，此种方式的光亮度不如自发光墙体。

在本次艺术馆空间设计中，设计组考虑到今后绘画类作品展示量相对较大，因此墙体主要以实体类墙分隔为主，同时局部将其余两种形式融合。共同塑造具有丰富艺术感的展馆空间。

2. 墙体的表现手法

与天棚类似，在展厅墙体设计时通常也应从墙体的空间暗示与对比协调两方面入手。墙体形态（形状、材质、色彩）的变化直接暗示着空间的形态。例如高耸的墙面空间界定性较强，形成窄而高的展厅空间会产生竖向高耸感，让人肃然起敬，而低矮的墙面空间界定性较差，形成低而宽的空间则产生横向的广延感，使人胸中顿生轻松与坦荡。此外，还有低而狭窄的通道或横向弧形墙面给人不断向前的运动感。若将墙体作适当的倾斜、扭曲处理会产生好奇感。

值得一提的是，将展厅墙体的表面做艺术化处理也能影响观众对展厅空间的感受，例如具有竖向线条的墙体能产生空间的竖向运动感，可缓解低矮空间的压抑，反之横向线条感的墙体能有效弱化空间的高旷感。

展厅墙体设计虽然灵活多变，但重点是协调好内、外墙之间的形态（形状、虚实、材质色彩等）关系，通常应保证其整体而富于变化，切忌给人留下"无趣呆板"或"琐碎凌乱"的印象。这要求我们应把握好前面所学的构成知识，具体的处理方法与天棚类似，在此就不再赘述。以上阐述了墙体形态与展厅空间的关系，在运用中需根据现场空间情况、展览想表达的理念等各种因素来综合考虑，力求以最佳的空间形态展现给大众。

（三）柱子

柱子展厅中重要的支撑构件，构成了展厅空间的基础框架。在艺术效果上，柱子往往没有天棚、墙体等构件那样丰富的欣赏点，但我们也需通过适当的方法去美化它，切忌因处理不当使其破坏展厅的整体效果，柱子按其结构功能的不同可分为结构柱与装饰柱。结构柱即用于支撑展厅天棚、夹层等构件的受力柱；而装饰柱仅用于美化展厅，不承受其他构件的重量。涉及柱子的具体设计时，方法通常有以下两种：

1. 强化处理

柱子的强化主要有美化展厅原有柱、韵律设计两类，柱子的强化即将柱子作恰当的装饰使之独立呈现在展厅空间中，成为展厅中主要的观赏点。韵律设计是将柱子按一定规律排列产生的韵律美。这类柱的直径通常较小，以免给人厚重感。

2. 弱化处理

运用特定手法让柱子成为展厅中的次要欣赏点，甚至让人感觉不到柱的存在即为弱化处理，常用方式首先可将柱子材质与展厅的主体材质统一，这种方法若运用不当可能会产生平淡乏味感。因此在设计时我们应仔细斟酌，使柱子的形态简练优美从而良好的融合到展厅大空间里。其次通过其他构件的优美形态来吸引大众，弱化柱子的关注度。同时可将柱子隐藏于墙体、天棚等构件中。再次，可选用视线可通透的框架结构或采用镜面、亮光不锈钢等反光材质来包裹柱子，弱化其实体的视觉感受。最后，可将柱子与展具结合，让人感觉不到柱子的存在。

（四）展具（展台、展示架、展示柜）与隔断：

展具是用于陈列展品的主要载体，同时兼具美化、细分内部空间的功能。展具可分为固定式和活动式两大类，固定式即展具和天、地、墙等结构件连接，一旦制作完成便不可轻易移动。活动式展具则恰好相反，可通过适时移动来调整展厅内部空间形态。此外，展具在展厅中的设置方位通常有两种，一种是靠墙放置，

另一种是置于空间中兼具分隔空间、引导大众视觉导向的功能。

另外，展具的设计必须符合人体的观展尺度及使用习惯。同时为确保展厅空间的流动性，展具的体量通常不宜过于高大，并可作恰当的通透处理。

（五）地面

地面是展厅的承载界面，在功能上它界定、划分了展厅的空间，比如展厅的内、外（原有会展大厅）以及展厅内部子空间的分隔可通过地面的升高、降低或材质色彩的变化来暗示；另外还可巧妙地将地面作为展品的载体。

除此之外，地面的艺术效果也不可忽视，我们在设计中应认真对待。需注意的是由于多数展厅地面积较小，且被大量的展具、展品覆盖遮挡，因此地面设计通常宜在整体统一的原则下作适量的变化。

（六）其他结构件

1. 夹层与楼梯

夹层通常为解决展厅横向面积无法满足其功能使用而设置。在空间构成上，夹层丰富了展厅的竖向空间层次。根据功能需要夹层可设置成全覆盖和局部覆盖两类。另外，为降低夹层的自重，节约布展时间，夹层通常采用金属型材作为骨架，表面铺设板材而成。楼梯是连接夹层与地面的结构件，为规避其影响空间的流动，楼梯通常以通透式为主。

2. 陈设品

在展厅中，为了丰富展厅的空间层次，活跃展厅的氛围，通常可设置一些主体陈设品，如抽象雕塑、装置艺术等，它们不属于结构件，却是丰富空间艺术效果的有益补充。

以上内容以艺术馆为基础，从总体分隔方式、主要界面与构件两方面来阐述了展馆的设计方法，在本次艺术馆空间设计中工作组根据具体情况将多种手法灵活、综合的运用，攻克了很多设计难题。通过本项目让我纠正了以前的许多设计弱点，意识到展馆空间的总体划分必须以如何更好地传达展示信息为中心，不可简单地追求外在形式而伴生影响观展效果，浪费空间等问题。另外在视觉上，展览空间的界面与构件是相互影响的，我们在具体设计时必须树立整体空间的概念，对各个部分作综合、全面的把握。切忌孤立地对某个界面设计，以免展厅留下生拼硬凑的遗憾。

参考文献：

【1】冯娴慧，王绍增. 会展展示设计. 北京：中国人民大学出版社，2012,6.

【2】王熙元. 展会空间设计. 南昌：江西美术出版社，2010,10

【3】严用渊，潘耀中. 中国展览学. 杭州：中国美术学院出版社，1995,06.

【4】彭一刚. 建筑空间组合论. 北京：中国建筑工业出版社，1998,10.

作者简介：

杨琳，男，1980年出生，现任教于重庆科技学院人文艺术学院环境艺术系，艺术与科技专业（会展艺术技术方向）研究方向。

# 在电子商务冲击下的商业空间设计研究——以专卖店设计为例

李昕

重庆科技学院人文艺术学院

摘要：在电子商务高速发展的经济环境下，现代商业模式已经发生很大的改变。商业空间设计要适应环境，其设计方法需要进行转变和调整。商业空间的设计中要把握人、商品、购物环境三个重要因素，在设计中注重人在空间的体验和人与人之间的交流。

关键词：电子商务 商业空间 专卖店设计 体验 交流

Abstract: In the rapid development of e-commerce, modern business model has been made a huge change . Commercial space design should meet the environment , and the design needs to be optimized. Commercial space design needs to consider the three elements of human, commodity and shopping environment. The design focus to person's experience and the person's communication.

Keywords: e-commerce,commercial space, store design, experience, communication

在当今的中国，淘宝、京东、亚马逊等这些无人不知晓的电子商务平台已经很大程度上影响着现代人的生活。在2014年11月11日，淘宝的"双十一"活动中，短短21小时内销售额高达到500亿。如今电子商务的突飞猛进是现代经济发展的必然，传统的商业模式因此受到极大的冲击。在设计领域，商业空间设计如何才能适应现代的商业环境，值得我们思考和研究。

一、专卖店空间的特点

（一）商业空间的定义

商业空间是人活动空间中最多元化也最复杂的一类空间类型，自古以来有了物品"交换"就有了这样的空间形态，现代的商业空间主要分为商场专卖店、餐饮空间、娱乐健身空间、酒店空间。在现代意义上的商业空间可以理解为，满足商业活动的一类空间形态，即实现商品交换，满足消费者需求，实现商品流通的空间环境。

商业空间随着社会经济发展，商业模式的变化，人们消费习惯的变化，也在日新月异地变化发展着。特别是在如今的时代，从贵重的首饰到小小的零食，人们生活中所需的极大部分的商品都可以在网上购买。在这样的电子商务的冲击下，传统的实体商业空间受到了极大的影响。

（二）专卖店空间的要素

专卖店空间是商业空间的其中一类，是某一特定品牌的商业购物空间。专卖店空间都有固定的实体店铺，在固定的场所进行商品销售和提供服务以获取经济利润。这样的空间具有的优势在于它所提供的商品和服务都是可看、可听、可感、可触的，而且专卖店的位置固定不变，对于消费者而言本身也是一种信誉的保证。

专卖店这样的商业购物空间里，人、商品、购物空间构成了三个要素。

商品作为专卖店中最重要的物，人们到专卖店里来的基本目的是买"东西"，而商家开设专卖店的目的在于卖"东西"，以获取商业利润，

专卖店中人的要素指买卖双方的人，就是消费者和商品经营者，人是产生商业活动的主体要素，在商品和服务都并重的环境下，消费者在空间中占主导作用，

他们对商品的要求，对商家的服务水平，对环境空间的设置水平等方面的要求，都会推动相应的商品的品质，商家的管理，购物环境的变化。

购物环境为买家和卖家双方围绕商品提供了交易的空间，这个空间，购物的空间环境应该适应双方的要求。

人和商品是动态的，消费者会变化，商品种类也会发生变化而且变化相对活跃，专卖店环境是相对静态的，它的变化，取决于当消费群体的需求发生变化，商品发生变化，商家为了满足商品和消费者的需求而对专卖店的购物环境进行改变，比如重新选址，规划和布局、空间的重新划分组合，外观与形象设计进行设计等等。

在专卖店空间里除了这三个主要要素之外，还有一个不容忽视的重点就是"品牌"。专卖店一般都有自己特定的品牌，商家会透过一切媒介手段表现品牌的特征和文化。特别是如今的时代，有特色和创新是专卖店经营下去的法宝。

二、在电商冲击下专卖店空间设计的要点

在专卖店空间设计的时候要把握人、商品、购物空间环境这三个要素。在电子商务的冲击下，这三个要素也时刻在发生变化。

电子商务是指整个商务活动实现电子化。人们可以通过网络在电子商务平台上购买所需的物品。网络购物的优势在于人们可以通过手机和电脑不限时间和场所选购商品，商品种类繁多，同类商品便于比较，购物形式方便快捷，价格便宜等等。

实体的专卖店空间为了生存和发展下去，就应该寻求除了商品售卖以外新的获利模式。那专卖店空间设计更应适应市场需求，塑造个性化特色化的购物空间，那在设计上要把握几个要点。

（一）通过设计满足人的体验的精神需求

消费者是商业空间设计中主要设计对象，当代商业空间的经营模式更加注重紧密结合人的需求，现代的商业空间所售商品种类、价格有相同类似，服务质量不断提高的前提下，能够提供令人们满意的商业环境，给消费者带来的各种满足及独特的体验，成为吸引消费者选择某一商业场所的重要原因之一。

商业空间设计巨头捷得事务所的设计理念是：一个美观而令人愉快舒适的环境无疑会促进人们之间的交往，高质量的场所营造了一个生气勃勃的空间。商业空间的场所营造，凝聚着地理景观、历史文化、人文情怀，它的存在能够使人们产生更多的体验，产生场所感。

因此在专卖店空间设计中，不仅仅要满足人们购物时的需求，更重要的是满足人们情感沟通的精神需求。对顾客进行精神需求层面的满足是电子商务平台薄弱不足的部分，那专卖店空间设计中就要好好利用整个优势。

人们对专卖店这一购物场所的需求已经超越了单纯的物质功能的层面，在专卖店空间设计中提出了"情境营造"这一概念。通过对空间设计处理，使得消费者在从购买的商品以及购物的整体过程中获取美感、陶冶心情、获得社会认同，甚至满足消费者有时以"物换取情感"为目的的行为，营造出一个购物者能够快乐体验购物的商业空间环境。

1. 功能布局上的处理

在专卖店空间设计中，根据购物与人的多种需求，商品的特征，会有针对性地将空间划分出若干功能区域。空间中的功能区域是跟人在空间中的行为和活动息息相关的。人在专卖店空间中的活动分为消费行为和非消费行为，消费行为就是买和卖，非消费行为包括停息、感受、行走和交往。在空间设计时候，功能的分配就趋于多元化，除了满足功能需求之外，还要满足人们与日俱增的休闲、娱乐、社交等多种要求的同时，实现自身经济利益最大化。为了延长顾客在空间中停留的时间，满足其多样化的需求，在设计中需要考虑适当增加服务性功能区域，

比如休闲、娱乐、体验生活、信息交互、儿童娱乐、学习等各种功能。

2. 专卖店的主题

体验式专卖店设计，有明确的主题是体验的第一步，也是关键的一步。空间具有明确的设计主题，可以使人产生联想，留下长久的记忆。对专卖店进行主题创意时可以通过主题化故事、景观特色、文化内涵、商品服务特点等要素来表现不同的主题特色定位。在专卖店设计中先提炼出鲜明的主题，而后在空间处理、环境塑造、形象设计等方面对专卖店主题进行一致性表现。对于专卖店设计来说，主题元素的注入，无疑可以增加同类商品专卖店间的竞争力，对其今后的长期运营产生着积极而深远的影响。

在提炼主题的时候要结合专卖店所处的区位和建筑的特征进行考虑，可以挖掘主题背后的文化资源，打造文化体验。表现方面可通过游戏主题、艺术主题、生活主题、品牌主题来进行考虑，主题鲜明大众乐于接受。

例如迪士尼乐园的品牌专卖店，以迪士尼的电影卡通为主题，销售与之相关的玩具、服装、饰品、食品等。在空间设计中有不少卡通故事情景的表现，在货柜货架的设计中有不少电影里的家具的借鉴，不同的功能区域有不同的卡通主题并且跟商品的陈列相关，同时增加玩具的试玩区域，以吸引儿童。整个空间设计主题明确，功能划分清晰，氛围十足，无论是孩子还是大人都流连忘返，在那里能唤起人们的童年回忆和满足自己的童话情结。

3. 专卖店的展陈方式

专卖店的展陈方式的处理需要考虑在消费者视觉可达范围内，最优质的展陈设计。通过展陈设计，有目的地将商品展现给顾客，并力求使观众接受设计者计划传达的商品信息，感受到该企业的文化和品牌理念，促进商品的销售。

在专卖店空间中，人与商品是有交流的。商品的陈列方式就要考虑人与商品之间的关系。

（1）商品的陈列要醒目，便于顾客选购。商品的摆放应力求醒目突出，以便迅速引起消费者的注意。

（2）商品分类清晰，提高顾客的购买效率

（3）商品陈列方便顾客选购和取拿

（4）通过陈列让顾客体验到商品特点

例如苹果体验专卖店设计，在入口最重要的功能区域中，将电子产品按照类别不同分类展示在展台上，以此方式给顾客提供商品的体验，顾客可以第一时间感知到电子产品的特点，最终达到销售的目的。

另外在专卖店的展陈设计中，展示柜的设计也尤为重要，展柜的颜色和基调也会影响专卖店空间的整体设计风格，那展柜的设计要注重突出专卖店的品牌特点起到协调购物空间环境的作用。

（二）加强顾客的参与度，增加人与人之间的交流

在电子商务平台上购物，除了买家与卖家的交流之外，买家间的人与人的交流几乎为零。而实体的专卖店设计，可以有针对性地完成这一课题。

商业环境的营造，良好的商业气氛都是"体验式商业空间"的必要条件，要真正通过营造良好的环境就是让消费者参与进来，有消费冲动才是专卖店空间设计的优势。在现代社会中，人与人的交流是极其匮乏的。专卖店空间设计不仅可以营造出商业的环境，还可营造出人与人交流的场所。例如，某手工艺制品专卖店，可以在商业空间内销售手工艺制品，同时也可以设置出供顾客参与制作手工艺制品的区域，让顾客参与商品的制作，增加趣味性。在此基础上，还可以通过专卖店聚集喜欢这类手工艺制品的爱好者，可以给其提供交流活动的场所。这样的方式一方面增加了空间的灵动性，另一方面增加人流可以促进商品的销售。

（三）专卖店设计应该参考结合电子商务的优势

专卖店设计除了可以发挥实体店铺展示商品的强项以外，还可以结合电子商务特点进行灵活地空间处理。

例如，在现代书店里，除了销售纸墨书籍以外，还可以销售电子书籍、电子杂志，以满足不同顾客的需求。因此在空间处理上，就可以有特别针对电子销售这样的功能区域。

结语：

目前，电子商务呈现出如火如荼的发展态势下，传统的店铺式专卖店的经营面临了巨大的考验。这样的专卖店要发展经营下去，就要从设计上有所改变和突破。在专卖店设计中需要扬长避短，注重人、商品、购物环境的三个要素研究，从人的体验和人与人的交流入手，逐渐形成适应当今经济环境的专卖店设计方法。

参考文献：

[1] 陈姗姗.购物中心公共空间体验性设计研究.华南理工大学硕士论文，2010.

[2] 陈文懿.环境空间设计的情境化研究.东华大学硕士论文，2011.

[3] 孟昭娜.建筑内部空间设计的主题化研究.天津科技大学硕士论文，2010.

[4] 曹一勇."体验"之壳：空间设计的奥秘.期刊论文，中国房地产（市场版），2014(8).

[5] 何阳.体验式商业空间"情境营造"策略研究——以上海购物艺术中心为例.中南大学硕士论文，2014.

作者简介：

李昕，女，1982年出生，重庆，讲师。环境艺术设计、室内设计方向；现任教于重庆科技学院人文艺术学院。

# 综合性高校艺术大楼设计表达
## ——重庆科技学院艺术大楼建筑预览

夏星

重庆科技学院人文艺术学院

摘要：2014年重庆科技学院艺术大楼在广大师生的共同期盼之下终于初见端倪。本文以重庆科技学院与四川美术学院协同创新项目——三馆建筑建设项目为例，探讨关于综合性高校艺术大楼建筑设计的相关问题。在整个设计过程中，设计师们思考如何在一个综合性的高校中设计多种功能相结合的艺术大楼，如何使艺术大楼融入学校已有建筑群中，如何利用地形特点设计出与学校文脉与精神延续的标志性建筑，如何与自然共生做到可持续发展设计。本文主要提供与各位一起梳理、记录和探讨关于本次设计的若干问题，以求与各位共勉，同时期望为将来的综合性艺术大楼设计提出可参考与借鉴的范例。

关键词：艺术大楼 建筑 协调 文脉

Abstract：2014 Chongqing University of Science and Technology art building design in the hope that teachers and students finally completed. In this paper, Sichuan Fine Art Institute and Chongqing University of Science and Technology collaborative innovation project - three building construction projects as an example. Throughout the design process, Designers think about how to design a variety of functions in a Comprehensive University with a combination of art buildings, How to make the art buildings fit into the existing buildings in the school, How to use the terrain features to design a landmark building with the school context and spirit, How to achieve sustainable development with the natural symbiosis. This paper mainly provides a number of questions about this design. Share with you. Meanwhile, This paper puts forward a reference and reference example for the design of a comprehensive art building in the future.

Key word：Art Building，Architecture，Coordination，Culture

一、国内艺术大楼建设缩影

艺术大楼作为艺术院校专业的教学与活动的场所除了基本的教学功能的使用以外，更是作为承载着激发师生的创作灵感，提供开阔的交流与沟通的平台，增进艺术家们的合作所构建的独特空间，因此艺术大楼绝不是简单意义上的教学场地设计。

（一）专业艺术院校艺术大楼建设

专业艺术院校常常包含了较全面的专业设置，因此在艺术大楼功能设计上需要满足不同专业的需要进行量身定位，例如陶瓷专业需要设计小型的烧窑空间，雕塑专业需要考虑材料的存放空间以及大型雕塑的制作空间，服装专业需要有服装制作空间，环境设计专业需要有材料展厅、实训空间等。这种根据不同的专业所进行的空间分化基本是以专业设置的具体内容来进行。

在艺术大楼的设计中常常需要留出大量的公共区域去实现不同专业举办展览，交流和互动的场地。例如中国美术学院山北一期的三合院式建筑，建筑由四座三合院式建筑错落分布，这种近似于四合院的建筑围合方式，在空间上预留了很多的开阔场地，开口朝南或是朝北的形式又丰富了建筑平面上的组合方式。合院的建筑设计在中国美术学院的艺术大楼中成为了主旋律，既有文脉的延续，又通过外观风貌的变化增加了建筑的现代气质。

外观的雕塑感设计可以增加想象力。无论是中国美术学院的象山校区还是四川美术学院的虎溪校区，建筑外观的雕塑感都为建筑添色，不约而同地采用材料本身的色彩作为建筑外观的主调，清晰的外部轮廓，在有限的空间中错落有致。

自然与建筑的融合。专业院校的艺术大楼需要更多的外部自然环境的交替，激发灵感，净化心灵，所以我们看到这些建筑在自然中若隐若现，在建筑中的每一处都可以与自然对话，这也许是为了向学生们传递专业设计理念，也是对现当代设计的最好诠释。

（二）综合性高校艺术大楼建设

综合性高校中的艺术大楼需要考虑的问题更为复杂，面临的问题也是各不相同。目前许多高校都设有艺术专业，艺术大楼的建设不仅是作为教学场地的建设在进行设计，艺术大楼的存在还成为了各个高校的亮点，称为艺术大楼本身就是作为一件艺术作品来呈现，在综合性院校当中艺术大楼是标志也是旗帜，学生在校园里自然会从艺术大楼的独特的建筑形式中吸取艺术的养分，陶冶情操，提高修养。

综合性高校中也会考虑功能上的多样性设置，例如在艺术大楼安放展示、演艺、活动、交流等功能，因此这与专业艺术院校在建筑的功能上设置完全区别开来，需要在设计中全方位的满足多样性功能的需要，这已经超越了普通艺术教学楼的概念。

艺术教学楼需要考虑校园文化上的延续，在整体校园规划中，一般都把校园的整体基调制定其中，艺术大楼作为其中非常重要的一环也必须考虑整体校园基调上的统一，这为大楼的外部形式和风貌提出了又一难点，既要突出艺术的鲜明个性又要与其他的教学楼相互呼应，相得益彰。

二、艺术大楼内部功能的协同设计

重庆科技学院与四川美术学院协同创新项目——三馆建筑建设项目（也称为艺术大楼），在建筑设计中包含了多种功能区域空间，在有限的场地环境中需要设置包括：艺术学院办公教学场地、演艺厅、校史馆、艺术馆、档案馆等多样化的功能空间，作为建筑的内部空间布局又能改变艺术教学过程中的教学模式。

（一）综合性功能的协调

依照各个部门所提出的相关要求，四川美术学院以潘召南教授为首的设计团队与各个部门多次交流沟通，争取在有限的空间中去满足不同功能系统的布局需求。一层主要布局为展示和接待的功能，校史馆是整个大楼中最为重要的展示空间，是展示重庆科技学院历史和文脉的场所，在布局中放在了最为显眼的一层入口的部分。附一层空间设置演艺厅、档案馆。二层至五层，主要布局为艺术展厅和艺术实验教学场地，人文艺术学院主要面临的是办公场地、教学班级的布局和实验室的设计，实验室分为：模型试验室、木工实验室和摄影实验室。由于实验室的特殊需求在设计上需要考虑储藏、实作、办公等相关功能布局。

（二）"动"与"静"的协调

建筑的内部通过布局的方式把展示、演艺等动态空间与教学、陈列等静态空间区别开来，使多种功能空间既相互贯通又相互分离，交通流向清晰，建筑外部由两个大写的"U"字相互扣合而成，建筑与建筑间通过平台相连接，建筑立面局部有明显的"Z"形楼梯，丰富了建筑的交通路线，给空间带来多样的体验。

（三）空间与形态的协调

艺术大楼形态采用了中国山水的意向设计，前后错落，依山傍水，而传统的审美对于这座现代建筑的形态影响主要在于大跨度的绿色斜面屋顶，建筑在绿色的映衬下若隐若现，是中国式诗意的写照。内部空间也依照外部形态的设定而存

在特殊的形式，例如：考虑会场的实际使用需求，尽可能通过下沉中心的方式来满足空间的使用要求，同时通过大跨度的梁架设定来支持会场的平面布位安排。在学校的主干道旁，需要建立最好的视觉感受，建筑的大跨度斜面起到很好地感官体验，立面大型的落地玻璃窗把建筑内外连接起来。

三、建筑外观风貌的协同设计

本次艺术大楼在选址上异于其他的教学楼，重庆科技学院校区整体建立相对平坦的基地之上，而艺术大楼的选址紧靠主干道旁的坡地，场地的高差达到 20 米，具有良好的自然植被，这就决定了本次设计将考虑建筑外观风貌的特殊设计，成为整个学校的标志建筑。

（一）外部形式的统一

依据场地的 20 米高差，沿用地形上的特殊优势建立建筑与地形的结合，这既是本次建筑的难点，同时也是建筑铸就的契机。整个科技学院校区都建立在平坦宽阔的基地之上，几乎所有建筑的交通流向都以单体的纵横的方式在进行，建筑之间缺乏呼应，艺术大楼根据已有的特殊地形，外观形式在平面上以相扣的"U"字形为主题形式，利用前后坡地的落差，形成中部联系的纽带，成为两栋建筑之间交流贯穿的平台，丰富了立体的空间形式，也非常符合艺术大楼综合性功能的要求。

依山而建的艺术大楼与山地绿化之间相融共生，两栋建筑都采用大跨度的绿化坡屋顶，错落有致与山地地形相得益彰，形成了良好的外部景观形式，既统一又富于变化。

（二）文化的延续

艺术大楼并不是毫无关联地独自成就，设计师们为此也煞费苦心。作为重庆科技学院最为重要的一幢楼，不仅外观要相映成趣，同时也要寓意深远，这就不单纯是解决功能的问题，更多的是艺术内涵的考量，建立在深入分析关于已有的建筑的情况和学校的整体办学思路的基础之上，艺术大楼的建筑设计尽量保持了科技学院的一贯作风，外观简洁明了，线条流畅清晰，这既是内部功能的需要更是对于建筑风格延续性的考虑，同时建筑的生成还借助了景观的辅助效应，水景设计由上而下环绕在整个建筑的四周，设计的人工湖泊形似莲花，出淤泥而不染，建筑环境景观也具有传承优秀文化、弘扬高尚道德的重要使命，寓意深远。

（三）风景建筑

建筑既是安全的居所，也是环境中一道风景，这里涵盖了建筑的两层含义：建筑艺术即有实用一面也有美学的一面。艺术大楼将建于学校主干道旁，处于非常重要的地理位置，往来通道都需要一个具有美学价值意义的建筑，艺术大楼的主景面对主干道，留白的宽阔庭院，一抹湖泊一棵独枝，无不体现中国式山水庭院的匠心，这也正是本次设计的精华之处，建筑的一横一折，白墙和玻璃与这庭院中的水与树，相互倒影相互丰富。相信以后在植物的选取上将也是精挑细选，风景建筑由此构建。

四、建筑附属景观的协同设计

没有景观的建筑如同没有生命的石块索然无味，景观是对自然的尊重对自然的敬畏。艺术大楼的设计处处彰显景观的重要价值和意义，是景观丰富了本次建筑的寓意，同时也丰富了建筑的空间形式。

（一）景观媒介

艺术大楼中的景观设计随处可见，例如从山坡引水修筑的山间溪流和建筑四周的湖泊，自上而下环绕于建筑周围，看似无心却是有意，景观中的水的进入鲜活了整个建筑，建筑坡屋顶上的绿色植被，在实现建筑与自然对话的同时，兼具了降低建筑能耗的绿色设计使命，这将大大节约能源，把环保的概念自然地传递

到每一个莘莘学子的脑海里。景观是实现物与自然对话的最好媒介，也是实现人与自然对话的最好媒介。

（二）景观时空

景观是自然生命的轮回，四季交替，时空转换。随着时间的推移，我们需要考虑景观时间时空中的变换，艺术大楼四周绿色植被丰富，这是景观生长的基础，每一天，每一季随着时间的推移，将艺术大楼整体的建筑烘托出不一样的格调与氛围，摆脱人造环境的束缚，从崭新的角度认知建筑与自然之间的关系。

（三）景观效应

景观同时兼具了游戏与参与的使命，艺术大楼建筑的中庭平台设计许多供师生们互动交流的景观小品，这里是一个升敞区域，师生们可以在这里集会，表演，展览，这是一个活泼而非正式的环境，自由平等，各类景观小品将丰富教学外的学生文化生活。

（四）山水景观

从建筑到景观，处处体现了山水景观的设计理念，这是设计师对于中国传统文化寓意的写意表达。建筑的左面有一条弯弯的河流引入水源，右面有一条大道方便交通出行，后面背靠山脉，前方有方便排污的湖泊，这是古人对于优良建筑建造的要求，可见山水与建筑密切关联，艺术大楼正好坡地之上，从基地引入的水源成为建筑景观的湖泊和溪流。有山当然少不了树，设计师把树安放在建筑的正立面，为山水景观的诗意表达加深了"水墨"重彩，这是对于中国传统文化的诠释，是山水景观设计的融会贯通。

五、重庆科技学院艺术大楼建筑概念设计

（一）延续与发展

重庆科技学院艺术大楼建筑概念设计，是设计团队的集体结晶，他们走访调查、讨论、研究寻找科技学院教学校址中的共同特点，希望从中挖掘出关于本次艺术大楼设计的切入点，实现校区整体和谐融合。当然作为艺术大楼概念设计的宗旨，需要完成校区内的更高地美学艺术追求，既要和谐也要发展，既要延续也要传承。

本次项目建筑面积共为 13000 余方，使用面积达到 11000 余方，建筑共分为六层，地下一层地上五层，地下一层和一层主要承载接待、集会、表演、展示、档案储存等功能，多种功能相互连接渗透，即有动空间也有静空间，功能区域划分明确，功能清晰，是艺术大楼对外开放的主要区域。二层到五层主要为会议、展示及艺术实验教学的功能区域，主要作为人文艺术学院教学活动区域，相对为静空间，主要分为办公和教学两大功能部分，作为人文艺术学院未来发展的物质实体，在原有教学的基础之上新增加实训场地、展览场地、音乐训练场地三大部分，考虑音乐训练场地的特殊要求，与相邻试验教学楼互不干扰原则，在建筑上设计隔声防噪音功能，在玻璃、墙面、地面将做出特殊处理。

（二）创新与交流

建筑借助"山水"诗意表达的方式，把"山水"融入建筑当中，和谐共生。建筑在二层中间设计大约有 1000 余方的露天开放平台，提供给师生交流、娱乐、休闲的平台，从平台的前后两侧均设置开放楼梯，沿建筑外立面通达建筑外部，改变原来建筑单一交通格局，由穿越建筑内部方式改为直接跨入外部，使建筑的立体交通格局得以形成，也丰富了原有平面化的建筑外立面，楼梯的折转形成了独特的建筑立面形式，成为远眺和观望的景观节点。

建筑始终在与自然的对话中进行，整体建筑是一个生态的绿色建筑，从绿色环抱的屋顶到清澈湖泊，建筑设计考虑的是如何节能环保，如何饮水思源，这是传统的教学大楼往往忽视的问题，本次项目把这一问题提到概念设计中来，将是一次有意义的尝试。

本次重庆科技学院艺术大楼概念设计是综合性院校艺术大楼设计的一次预览，探索艺术大楼设计发展可行性的尝试。以开放的建筑形态，传统的文化意象来诠释现代高校建筑的新的美学发展方向，建筑中没有夸张的形态和雷同的音符，通过建筑的表达来激发使用者们的创造思维，创造积极地校园文化交流平台，为学校的校园增光添彩。

参考文献：

[1] 王澍，陆文宇．中国美术学院象山校园山南二期工程设计 [J]．时代建筑．2008(03).

[2] 麻响箭．自然视角下的建筑传统文化回归——解读中国美院象山校区．建筑与文化，2014.

[3] 李秉奇．现代艺术高校建筑表达——四川美术学院综合教学楼设计．建筑学报，2001.

[4] 刘家琨、杨鹰、陈虹、杨磊、宋春来、李淳．四川美术学院新校区设计艺术馆．城市环境设计，2010.

个人简历：

夏星，女，生于 1978 年 11 月，汉族，重庆科技学院人文艺术学院任教 研究方向：环境设计。

# 资源节约型建筑设计中材料的运用
## ——以四川美术学院美术馆为例

周波、俞婷婷

四川美术学院 公共艺术学院

摘要：在今天，随着城市化进程的推进，城市建设中大拆大建的现象造成了建筑资源的大量浪费。在这样的背景下，如何提高资源的利用率，保持建筑材料的可持续发展，减少能耗是当今城市建设与发展迫在眉睫的问题。本文以四川美术学院美术馆为例，探讨从建筑材料的选择与运用的角度，分析资源节约型建筑设计方法与途径。

关键词：资源节约型建筑 建筑材料 美术馆建筑设计

The Use of Materials In the Resource-saving Architectural Design:

Illustated By the Example of Sichuan Fine Arts Institute Museum

Abstract: Today, the large-scale tearing-down and building-up in cities have wasted in huge amount the constructing resources in the process of urbanization. It has become an impending issue for the construction and development of cities to discuss how to better utilize the resources and how to make the building materials sustainable. By taking the Art Museum of Sichuan Fine Arts Institute as an example, this note analyzes the methods of resource-saving architectural design by exploring the material selecting and applying.

Key Words: resource-saving architecture, building materials, art museum design

随着我国城市化进程的快速推进，城市建设的加快，对资源的消耗以及环境的破坏越来越严重。城市建设中占主要地位的建筑已经成为能源、材料需求、二氧化碳副产品的主要来源。同时，材料资源短缺、循环利用率低，大量建筑垃圾无法处理。因此，如何从材料的角度来探析建筑资源的节约与有效利用是具有紧迫的现实意义的。在国内，节约型理念的建筑设计在理论方面的研究已经涉及比较全面的内容，但关于建筑材料方面的节约型概念多偏向绿色环保型材料的研究，而在实践方面，明确从节约型理念下的材料资源的运用案例探索仍然十分有限。

资源节约型建筑设计作为一种可持续发展的环境观，从材料选择与运用的角度，意图从节约的目的出发，在设计中贯穿能源节约与绿色生态，规避原材料的浪费与粗放型设计。做到满足建筑设计效果与功能的同时，最大限度减少对资源的浪费。其具体内容包括：废弃材料的升级利用、当地建筑材料的采用、可持续建筑材料的运用。文章将从这三个方面具体分析四川美术学院美术馆建筑设计中的资源节约型材料的运用。

### 一、项目概况

四川美术学院美术馆是新校区规划中的建筑项目。其建筑位于四川美术学院虎溪校园东部，面临熙街商业区，占地 24 公顷，建筑面积 23700 平方米。美术馆建筑分为 4 层，其中设有中庭景观，3 层屋面平台景观，2 层屋面休息平台，屋面天桥等。建筑材料主要由石材与瓷片构成。

### 二、废弃材料的升级利用

在我国，随着城市更新扩大的加速，大量生产过剩的废弃建筑材料造成了资源与环境的沉重负荷。据相关统计显示，我国每年生产各种建筑材料要消耗资源50 亿吨以上，消耗能源达 2.3 亿吨标准煤，同时还要排放大量二氧化碳、二氧化硫等有害气体。因此，如何处理这些巨量"建筑垃圾"，成为可循环的建筑资源，并从再利用的角度，升级利用方式，提高能耗、资源的综合利用率。

近 10 年来，在大批量的建筑材料生产中，我国建筑陶瓷行业有了长足的发展，其年平均增长率高达 41.7%。自 1993 年建筑陶瓷砖产量名列世界第一以来，中国已成为陶瓷生产头号大国。然而，粗放型生产方式与盲目扩大生产造成大量废弃闲置产品的堆积，其高强度的耐腐蚀与抗降解的化学性能使得废弃的陶瓷砖很难进行循环加工处理。基于此，四川美术学院美术馆在建筑表皮设计上，利用附近工厂废弃的陶瓷砖，创造了独具特色的建筑景观。

首先，从资源节约的层面，陶瓷砖的抗降解性能使得很难回收加工处理，往往在转化它的过程中需要消耗更多的资源和排放大量的二氧化碳，在这里，升级利用强调不对原材料进行任何再处理，而是换个方式利用它，达到节约资源、能耗，减少污染的目的。在四川美术学院美术馆建筑设计中，设计者打破常规，直接采用工厂废弃的不规整陶瓷砖，利用其碎片拼贴的方式。不仅减少了资源与能耗的浪费，减少了回收处理过程中产生的遗撒、粉尘、灰砂等问题严重污染环境。

其次，从艺术美学角度，这是将陶瓷壁画的艺术表现形式介入建筑空间的设计表达，运用废旧材料，升级了原有陶瓷砖的表现价值。在我国，自古以来就有画像砖壁画、琉璃壁画、砖刻壁画等形式，发展至今更有以景德镇为中心的中国陶瓷产业，其名声远扬世界各地。作为建筑装饰的独特艺术表现形式，美术馆建筑表皮摆脱了现代建筑装饰行业清一色的玻璃幕墙与单色瓷砖，打破面目冷漠、缺乏感情的建筑表皮形式，将整体性与丰富性结合、艺术性与科学性衔接，使参观者在美术馆建筑空间游走中，体会建筑的叙事性，感受艺术创作的魅力，如翻阅手卷般赏心悦目。

### 三、当地建筑材料的采用

地方性建筑材料的采用主要针对如何减少建筑材料的耗能量而言。建筑材料的耗能量是指进行材料提取、加工、运输以及建成建筑物所需要的不可再生能源的消耗。从长远角度考虑，因地制宜材料的运用能够大大节约资金，减少材料运输，还能与当地气候环境很好的协调，起到节能的效果。

四川美术学院美术馆所属重庆地区为中亚热带季风气候，冬暖春早，夏季炎热，热量大，降水量充沛。在这样季候条件下，形成了吸水率极低，耐高温的石质材料。美术馆建筑用到了大量当地的石材，从块状的毛石、条石，到片状的石板，再到粒状的卵石、碎石等。其中，大量石板与毛石被用作铺设美术馆建筑室外的地面，这种当地的石板呈棕色，属辉石类，具有坚固、耐久、韧性大、开光性好，且维护成本低廉的特点。从视觉设计的角度，色调稳重的当地石材，体现出朴实大方的简洁；石板与草皮的混合，增强了与建筑以及周围景观相呼应的自然之感；零星点缀的卵石与碎石不需要复杂的铺贴工艺，铺洒于空隙处增加肌理的节奏感。

显然，与那些刻意追求完美形式使用价格高昂的进口材料截然不同，美术馆建筑运用这些当地传统的建筑材料不仅本身造价低廉，运输铺设便捷，而且做到了对地方环境以及文化的尊重与保护，创造性地体现了资源型节约理念，延伸了新校区整体建设中的可持续发展精神。同时，有力地证明了在建构技术如此精湛的今天，在建筑材料如此超前的当下，也能够运用最传统的方式与因地制宜的理念，创造出高水平的建筑。

### 四、可持续建筑材料的运用

资源节约型建筑不仅要求材料具有良好的使用性能，而且从地域文化可持续、遗产保护的角度考虑，必须尊重地域与人文特色，强调建筑的文脉与传承。

当前，城市化步伐越来越快，城市就像一个庞大的建筑工地耸立着一个个宏大的工程，许多具有很高历史文化价值的古建筑、遗迹、墓葬等消失，随之而来的是人们对自身历史、文化记忆的逐渐消亡。看ından兴旺繁荣，却缺少内在的文化支撑。就像美国著名建筑师卡斯腾·哈里斯所说："建筑不能仅仅降格为只是具有美学价值或技术价值，应是对我们时代而言是可取的生活方式的诠释，应帮助表达出某种共同的精神风貌"。

就四川美术学院美术馆所在重庆区域而言，重庆有悠久历史以及丰富文化遗产资源。再者，美术馆作为城市文化名片，以展示与教育为主，更应该体现其自身关于艺术、文化的尊重与传承。因此，在美术馆建筑以及周围景观中，能够看到大量的石碑、石刻、石桥、牌坊等历史文化遗产资源，它们大部分由地方大规模的搬迁改建遗留下来。美术馆将这些遗产像运用建筑材料般，用最朴实的方式作为建筑设计的一部分加以保护，没有花费高昂的成本，也没有像标本一样呵护与珍藏进玻璃盒子。或许这样做的目的是宣扬文化遗产资源"传承"的本质，"认同"的核心以及"感动"的目的。设计者希望通过这样的途径，唤起关于地域文化的尊重与感动，从中寻找到与历史对话、交流的方式。

五、结语

在资源节约型建筑设计中，材料的运用与把握是其中一个重要的概念。不仅要求材料具有良好的使用性能，而且还要考虑其低能耗、可循环特点，以适应环保以及可持续发展的要求。同时，城市化的发展使得城市记忆中传统文化与地域情感逐渐消失，合理运用遗留的文化遗产资源也是当下建筑中关注的重点。就此而言，四川美术学院美术馆以可行性的实践方式，突破性的将资源节约的设计理念运用到材料的选择、实施上。不仅以低成本方式创造出高水平的建筑形态，而且充分尊重人们感情上对旧物记忆的延续。在把人为因素所带来的负面影响降至最低的同时，也使建筑设计的理念得到丰富与升华。

参考文献：

[1] 李维红．浅析 21 世纪建筑材料的再生循环与利用和可持续发展 [J]．建筑学报，2008．

[2] 王春阳．建筑材料 [M]．北京：高等教育出版社，2002．

[3] 帕高．阿森西奥．生态建筑．北京：江苏科学技术出版社．2001 年版．

作者简介：

周波（1962–），四川成都人，讲师，四川美术学院公共艺术系系主任，研究方向室内照明设计；俞婷婷：（1984–），重庆人，硕士生，研究方向美术馆建筑空间设计、室内展览空间设计、展务工作。

# 乡土景观在古镇中的延续
## ——以重庆市走马古镇为例

赵宇、陈欢欢

四川美术学院 设计艺术学院

摘要：在对走马古镇的传统景观元素进行的调研、采集、归类及其非物质文化的保护和传承现状进行了充分认识后，分析了乡土景观在走马古镇的延续中存在的问题，然后通过对走马古镇景观的延续设计的解析，将延续乡土景观的方法归类为：保护、修复、重建、改造四类，并探讨了在农村城镇化过程中如何利用基地的条件和提取、传承景观资源，塑造具有乡土特色的古镇景观。

关键词：景观元素 古镇 文化延续 景观

In the traditional landscape elements of town investigation, collection, classification, and the protection of intangible cultural heritage status and were fully recognized, analyzes the existing in the continuation of town in the vernacular landscape problems, and then through the analytic continuation of design for town landscape, will continue the vernacular landscape classification method for: protection, repair, reconstruction, transformation of the four class, and discussed in the course of rural urbanization in how to use condition and extraction, base of heritage landscape resources, with the local characteristics of the town landscape shaping.

Key word：Landscape elements，Town，Cultural continuity，Landscape

一、困惑和思考

在城镇化建设取得了飞速发展的今天，我们取得巨大成就的同时回头看看也不难发现建设过程中的问题和遗憾。诸如：脱离当地实际盲目的追求洋花、洋草、洋树，用大量的资金营造一时的辉煌，更有甚者不考虑城市的实际，盲目地追求"摩登"、"时尚"。我们有可能沉醉于一时的欣喜但是当我们回顾思考时不难发现，那些能够勾起我们乡愁的东西不是轰轰烈烈的设计，而是虽然普普通通、平平淡淡却根植在我们记忆深处的生活小细节，如一个古老的传说、一棵家乡的古树、一首动听的山歌、一个遥远的传说……

二、乡土景观在古镇景观营造中面临的问题

随着历史的演进，乡土景观受到了前所未有的威胁。我们不难发现现代设计中乡土文化、乡土生态、乡土风貌等逐渐消失殆尽。乡土景观是可见的人类历史，乡土景观如何在现代设计中很好地运用我们必须解决以下几个问题。

（一）乡土材料的遗忘

在这次的考察中发现乡土材料在古镇中随处可见，他们因为丧失了原有的使用功能而被人们丢弃在路边，如乡土器物、乡土建筑、乡土植被、工艺品等众多的元素。他们大多数以实物的形式存在。我们可以大致的把他们分成两类：一类是经过了人们加工的"物"，可以归为我们设计中的元素使用，如墨子、坛、茶壶、猪槽他们是我们的前辈为了满足生活的需要而存在的，如今他们丧失了原有的功能但是我们可以直接对他们进行利用。二类是自然地建筑材料的"物"，可以作为景观的直接用材，如乡土石头、木材等。

作为乡土材料，他们的主要优势是在于在长年的优胜劣汰中这些材料不仅适应了当地的地形、气候和土壤，而且造价低廉、可就地取材。比起采用一些昂贵但是不适宜当地材料的乡土材料满足了经济利益又实现了可持续发展和对自然环境的保护。

乡土材料在景观中的运用比较简单，主要是作为实体直接使用成为景观元素的一部分。

（二）乡土文化的缺失

乡土文化是景观表现中的精髓，是在地域历史的发展过中积淀下来的，通常表现为非物质形态。在现代设计中得不到应有的重视，使其生存空间越来越小直到消失。乡土的文化主要是指地方习俗、民间故事等在乡土文化发生的存在于人们日常生活中的事。它可能有很强的时效性，比如走马的赶场地只在特定的时间段举行，它可能不容易引起人们的注意但是他和当地人们的生产生活密切相关，从一个侧面展示着老百姓丰富的生活场景。

还有一些乡土文化主要一些已经发生过的纪念意义的事情。它需要通过文字的记载来考证：如某些英雄事迹、历史传说、名人轶事等。对于这一部分我们主要通过情景再现的方式进行表达，通过艺术手段对故事进行加工概括然后实现情景再现。当我们在特定的场把情景表现出来的时候，很能够激发大家的共鸣，让我们感受到浓浓的乡土气息。这样的表达方式也可以让不同地方的人们了解到特定地域的文化生活。比如老茶馆是以前人们很常见的一种历史场景我们通过二次艺术加工使其变成了物态的景观，勾起人们对以往生活状态的记忆。

（三）乡土风貌的遗失

乡土风貌也是能够让人留恋、引人回忆的自然风景，包括地质、地貌、气候水文等各种因素，而在古镇景观设计中，景观设计师常常忽略了对原有乡土风貌的调查，在没有充分尊重场地条件的情况下凭空进行设计不仅会导致地域乡土风貌的流失，而且会造成严重的自然灾害。乡土风貌的营造可以和乡土故事的再现相结合营造充满意境的乡土氛围，最容易引发人们的乡愁。

三、研究内容和方法

（一）项目概况

1.走马古镇区域与地理

走马古镇位于巴蜀腹地深处已有上千年的历史，独特的自然地理环境和人类文化在长期的历史实践中形成了独具特色的地域文化特征。古镇在人类历史的长河中不断地变化和发展，记录着人类可见的历史。

走马古镇有悠久的历史，相传赵云当年镇守江州，家兵每日在走马的高家石坝骑射操练，诸葛孔明视察江州时，观石坝形若奔腾的巨马，加之将士们演练的人欢马跃，随称此地为"走马岗"，从此"走马岗"的名称便被流传下来。

2.走马的非物质文化遗产

拥有丰富的民间艺术和风俗习惯，是我们了解走马民间传统文化的重要资源。走马是重庆著名的故事之乡，其丰富多彩的民间故事已被"国家第一批非物质文化遗产名单"。古镇民间故事内容丰富，类型多样，数量巨大，讲述者多。主要包括神话传说、民俗传说、生活故事等，这些故事内容广泛，蕴藏着浓厚的文化信息。最主要的有山歌、川剧坐唱、舞火龙、赶场。

3.走马的物质文化遗产

民居建筑结构以穿斗式为主，部分房屋为抬梁式结构；屋顶多为悬山式，以小青瓦装饰。沿街房屋多为两层，下层主要作为商铺使用。格局一般以两进为主，庭院较小，中为天井。房屋墙体均为木板墙和竹编夹壁，平面布局灵活，庭院轴线分明，建筑外观轻巧大方。石板街走马古镇正街全长八百余米，由青石板铺就而成，是旧时马帮队伍穿越古镇的必经之路。从古镇下场口的圆拱门望去，绵延八百米的石板老街，似乎是一卷展开的竹简，向世人诉说着古镇的悠久历史。

（二）研究方法

本文主要采用实地考察加文献研究相结合的研究方法，通过对走马古镇传统景观的调研、采集、归类总结探讨古镇历史文脉延续性。

四、走马古镇景观延续的探索和实践

对走马古镇传统景观延续的方法应该建立在尊重古镇历史风貌的基础上，保持其平平淡淡、普普通通、真真切切的风格。对走马古镇的保护方法主要有以下几种。

（一）保护

保护是保证古镇真实性的必要方法。古镇是古镇居民的生活场所是当地居民生活功能的组成部分，更是当地文化的浓缩和精华。古镇景观的历史价值就在于其清楚的记录着古镇的发展，是一本活历史。保护古镇的真实性很大程度上是对全部历史信息的保护，决定了古镇的价值。

当然保护不是静态、片面的保护。在设计中我们不仅仅要有对特定建筑的保护的意识，还应该在设计避免片面孤立的保护。片面孤立的保护，例如仅仅将单一建筑看作需要保护的对象，而缺乏对建筑所处的环境以及古镇整体环境保护的认识。一旦单一的建筑物失去了赖以生存的历史环境、历史街巷的时候，其本身的价值和历史意义也会大大的受到影响。在设计中主要有这两个体现：

例1：走在走马的大街小巷我们不难发现那一堵堵破败的土墙房屋。如今这些饱经风霜的土墙正是古老的版筑夯土技术的活化石。版筑夯土墙是我国最早采用的构筑城墙的方法。夯土墙他可能没有历史文物那样可以放进文物馆让人们观赏但是它是古代劳动人民的结晶，是走马历史的见证。

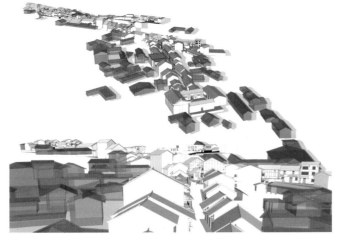

例2：走马位于两山之间，古镇中民居顺山势而建，自上而下高低错落、层层叠叠。这样的布置没有破坏山地原有的形态。一方面人们可以诗意的栖息在大山之间，另一方面建筑和山地很好地结合将人对自然的破坏降到最低保护了生态

系统的完整性。这些都体现了我们古人在建造村落的时候崇尚自然、天人合一的思想。在这设计中我们保存古镇原有的街巷之间的空间尺度关系,在不破坏原有的空间尺度关系的前提下,基于对居民生活的需要我们进行了小规模的循序渐进的改造,这符合历史古镇街区环境保护的原则。

(二)修复

修复的重点在于理解"历史"和"现代"之间的关系。一方面从静态上看"历史"是不包括"现代"的,两者有明显的时间界限。另一方面从动态上看今天的"现在"在动态中也最终会被添加到历史中,成为其中的一部分。我们不仅要尊重历史的物质和非物质的遗产,还要尊重后续时代在它身上陆续添加的、改动的部分,使细部为今人和后人清晰可读。这样我们就能够理解在设计中我们为什么不能一味地仿古。

以经营为目的,盲目地发展假古董在全国各地盛行,这完全背离了城市历史文化保护的宗旨。现在许多地方打着挖掘人文景观资源价值的旗号,大行人造景观之风。我们不能够以保护城市历史文化为借口,大行人造景观之风。当然这和对有考证的对历史文化景观进行创造性的再现是有区别的,虽然恢复和再现已经不在具有考古的价值,但是对于恢复城市的历史记忆,增强历史完整性有重要意义。

(三)重建

重建即使对于倒塌了的房屋进行重建。在重建的过程中我们既要恢复原有的建筑但是也不能对场地中已经存在的现代人的需求进行破坏,图中将历史性建筑戏楼进行了再创作,不仅让人们对于历史建筑进行追忆,而且也满足了现代人们的需求。如下图所示古时候的戏楼经过艺术化的方式加工处理以景观亭的形式处理,不仅可以展现当初人们来此地听戏的场景形成对历史事件的记忆,而且可以满足现代人们的功能。现场有不少当地人感叹此"戏楼"不仅满足了他们对以历史生活的纪念也方便了他们生活,常常有放学的家长在此等候或者背着背篓人们在此歇脚。

(四)改造

在走马的大街小巷,我们也可以看到很多房屋都采用石材作为堡坎。走马古镇因为依靠着大山所以有丰富的石材资源。用乡土石材作为材料来建造景观墙不仅可以给人带来朴素、厚重感,还与周围的环境协调一致。在建造过程中我们融入了当地的居民加入,我们需要的不是整齐划一的墙,而是人们在劳动过程中创造的质朴的材料美。

石墙上我们加入了乡土器物,乡土器物反映了一个地方人们的生产和生活信息,是劳动人们智慧的结晶。在古代他们具有的更多是功能性,但是科技的进步使这些乡土器物渐渐的退出了人们的生活。他们的命运只有消失吗?我们在考察中发现田间地头有很多废弃的乡土器物,这些承载着我们历史记忆的器物不应该就这样消失。转换他们的用途从功能性到艺术性、装饰性。将他们镶嵌在石墙中成为了丰富石墙的景观元素。比如如今的猪槽不再是放草料的功能而是石墙上种满了鲜花的花盆。当这些乡土器物找到新的功能的时候就找到了延续下去的动力

和理由。在丰富了石墙的同时也唤起了人们的回忆。

五、总结

本文通过对走马古镇历史延续的方法进行探索,以及四种设计方法的归类,阐述了对走马古镇乡土景观延续进行思考和探索,使得古镇景观在未来的发展中具备存在和发展的基础,而不是"无源之水,无本之木"。在未来的设计可以给我们一下几个方面的启示:1. 古镇景观的延续性是现代设计中乡土景观发展的根和源。2. 古镇景观的延续性是建设独特地域文化景观的基础。3. 历史延续性是今天景观创造的原点和原动力。因此在城市化快速发展的过程中,如何让古镇景观得以延续越来越受到重视。古镇景观的延续不仅创造了地域文化景观,使古镇保持地域特色,在历史文化的传承中不断的塑造自己。

参考文献:

[1] 俞孔坚,王志芳,黄国平 . 论乡土景观及对现代景观设计的意义 [J] 华中建筑,2005(4);123.

[2] 柏贵喜。乡土知识及其利用与保护。人类学与乡土中国 [M]. 哈尔滨:黑龙江人民出版社,2006.

[3] 陈晶,单德启 . 土著的前卫——大地艺术视野中的乡土聚落 [J]. 建筑师吴正光 .

[4] 仇保兴 . 推广节约型园林绿化 促进城市节能减排 [J]. 建筑装饰材料世界,2007(11): 11- 14.